架空电力线路无人机巡检
基础技能培训教材

慧飞无人机应用技术培训中心
中国电力科学研究院有限公司　组编

中国电力出版社
CHINA ELECTRIC POWER PRESS

内 容 提 要

本书为国家电网有限公司无人机巡检培训工作的培训教材。依据培训课程设计章节，共分为六章，分别为概述、多旋翼无人机的系统构成、无人机运行管理、飞行安全与维护、输电线路无人机巡检技术和输电线路无人机巡检作业标准。

本书可作为无人机培训机构的无人机巡检入门教材，也可供从事无人机巡检的电力工作人员学习使用。

图书在版编目（CIP）数据

架空电力线路无人机巡检 / 慧飞无人机应用技术培训中心，中国电力科学研究院有限公司组编．—北京：中国电力出版社，2020.7（2025.1重印）

（基础技能培训教材）

ISBN 978-7-5123-9978-5

Ⅰ.①架…　Ⅱ.①慧…②中…　Ⅲ.①无人驾驶飞机－应用－架空线路－输电线路－故障诊断－技术培训－教材　Ⅳ.①TM726.3

中国版本图书馆 CIP 数据核字（2020）第 061849 号

出版发行：中国电力出版社
地　　址：北京市东城区北京站西街 19 号（邮政编码 100005）
网　　址：http://www.cepp.sgcc.com.cn
责任编辑：肖　敏（010-63412363）　孟花林
责任校对：黄　蓓　常燕昆
装帧设计：郝晓燕
责任印制：石　雷

印　　刷：固安县铭成印刷有限公司
版　　次：2020 年 7 月第一版
印　　次：2025 年 1 月北京第四次印刷
开　　本：710 毫米×1000 毫米　16 开本
印　　张：12.5
字　　数：209 千字
印　　数：2301—2800 册
定　　价：78.00 元

架空电力线路无人机巡检
编委会

主　　编： 张祥全　邵瑰玮

副 主 编： 刘敬华　李雄刚　王胤卓　丁　建

主任委员： 孙卫国　徐华滨　刘　宽　朱林锐

顾　　问： 李延红　李彦银　伊　群

编写人员： 付　晶　蔡焕青　劳斯佳　曾云飞　曾懿辉

姜文东　赵春梅　谈家英　刘平原　刘　壮

刘　高　文志科　邓益民　陈　怡　王　丛

王忠源　胡　霁　周啸宇　周立玮

前　言

第一次操控无人机进行飞行的感觉是很奇妙的，看到自己亲手操控的无人机在蓝天上翱翔，你会感到十分喜悦。无人机是高空视角，将改变你看待世界的方式，你能感受到“一览众山小”的乐趣；你可以凭借无人机去到之前难以到达的地方，看到从未见过的画面；你也可以将无人机纳入你的工作流程，从而获得全新的工作体验。只要手里有一台无人机，就意味着永远有新的事物可看、新的地方可探索。在符合当地法规的前提下，你可以随时随地开展这种体验。

随着无人机技术的进步，民用无人机越来越轻量化，且应用越来越普及。随着无人机的普及，各行业增加了对无人机的探索应用，其工作人员的无人机操作培训需求也随之增加，因此，慧飞无人机应用技术培训中心与中国电力科学研究院有限公司联合组编了此书。

本书共分为 6 章，分别为概述、多旋翼无人机的系统构成、无人机运行管理、飞行安全与维护、输电线路无人机巡检技术和输电线路无人机巡检作业标准。首先，本书介绍了无人机的发展现状与应用，读者通过了解其发展历程和应用方向，可以更灵活多样地开展应用。其次，本书展示了多旋翼无人机的系统构成，并介绍了当前无人机运行管理的规定。读者通过学习系统组成方面的知识，可以了解无人机的结构及原理，使实际操作更加顺利；通过学习当前无人机运行管理规定，可在允许范围内合法合规地安心飞行；通过了解有关飞行安全的因素和各类必要的检查或须知，可助力分析飞行中可能会遇到的各类风险，为安全飞行做好准备。最后，本书介绍了输电线路无人机巡检技术培训和巡检作业标准，读者通过学习设备缺陷、巡检技术、巡检要求、巡检方式等，可循序渐进地了解开展巡检练习的要求及具体方法，夯实飞行基础，形成良好的肌肉记忆，提高实际操作的安全可靠性；通过学习巡检作业标准，可以尽快学会合理安排并出色完成巡检作业任务。

本书可帮助读者掌握操控无人机巡检所需要具备的知识和技能，帮助读者顺利飞行、减少风险。本书可作为无人机培训机构的入门教材，也可供从事无人机巡检的电力工作人员学习使用。

由于作者水平有限，虽然对书稿进行了反复研究推敲，但书中疏漏和不妥之处在所难免，欢迎广大专家、读者提出宝贵意见。

编者

2020 年 6 月

目　录

前言

第1章　概述 ······ 1

1.1　多旋翼无人机的概念 ······ 1

1.2　多旋翼无人机的发展现状与趋势 ······ 1

1.3　无人机的分类及比较 ······ 4

1.4　多旋翼无人机的结构 ······ 6

1.5　多旋翼无人机的应用 ······ 8

1.6　多旋翼无人机的飞行原理及控制 ······ 11

第2章　多旋翼无人机的系统构成 ······ 23

2.1　系统组成 ······ 23

2.2　飞行控制系统 ······ 24

2.3　动力系统 ······ 32

2.4　通信链路系统 ······ 44

2.5　其他重要组成部分 ······ 48

第3章　无人机运行管理 ······ 53

3.1　通用航空概述 ······ 53

3.2　无人机运行管理法规 ······ 54

3.3　无人机飞行区域管理 ······ 60

3.4　无人机飞行安全管理 ······ 66

第4章　飞行安全与维护 ······ 68

4.1　气象因素 ······ 68

4.2　信号因素 ······ 72

4.3　障碍物因素 ······ 76

4.4　常见情况处理方法 …… 77
4.5　无人机基础维护保养及固件升级 …… 82
第5章　输电线路无人机巡检技术 …… 94
5.1　设备缺陷的分类原则及处理时限 …… 94
5.2　输电线路概述 …… 96
5.3　故障巡检 …… 117
5.4　缺陷命名 …… 127
5.5　日常巡检 …… 129
5.6　精细化巡检 …… 132
5.7　线路验收 …… 144
5.8　输电线路无人机红外测温 …… 148
5.9　施工黑点专项巡视作业 …… 155
第6章　输电线路无人机巡检作业标准 …… 168
6.1　无人机巡检职责与分工 …… 168
6.2　巡线计划的合理制定 …… 169
6.3　出发前准备 …… 174
6.4　作业前准备 …… 180
附录　无人机输电线路巡视缺陷诊断 …… 189

第1章　概　　述

1.1　多旋翼无人机的概念

多旋翼无人机是一种近几年迅速发展起来的新型无人机，它是一种由三个或者更多旋翼（旋翼数量主要以偶数为主）构成的垂直起降型无人机，也称多轴无人机。与传统的直升机无人机不同，多旋翼无人机各个方向的运动都是由各个旋翼转速差来完成的，机械结构非常简单。

近几年，随着多旋翼飞行控制系统的逐步完善，多旋翼无人机操控难度逐步降低，飞行稳定性逐渐上升。并且，因为其机械结构相对简单，没有复杂的传动和控制设备，所以飞行可靠性很高。2005年，初期出现的多旋翼无人机是以玩具形式出现在市场的，无法承担更多的实际作用，随着深圳市大疆创新科技有限公司（简称大疆创新）不断推出更简单实用的新型多旋翼无人机，多旋翼无人机市场在2013后迅速爆发。截至2019年底，多旋翼无人机已经广泛应用在影视、农业、电力等领域。

1.2　多旋翼无人机的发展现状与趋势

1.2.1　多旋翼无人机的发展历程

1956年，第一架真正的四旋翼无人机Convertawings Model“A”试飞成功，这架无人机重达1t，依靠2个90马力的发动机实现悬停和机动，对无人机的控制不再用垂直于主旋翼的螺旋桨，而是通过改变主旋翼的推力来实现。然而，由于操控这架无人机工作量繁重，且该无人机在速度、载重量、飞行范围和续航性等方面无法与传统的固定翼无人机、直升机竞争，导致其没有被真正推广使用。

早期的 Convertawings Model “A” 多旋翼无人机如图 1-1 所示。

图 1-1 早期的 Convertawings Model “A” 多旋翼无人机

在控制系统没有实现自动化之前，多旋翼无人机基本不具备实用价值，并且固定翼无人机和直升机的实用性已经能满足当时的需求，所以很少有国家和企业愿意继续投入研究多旋翼无人机。

1.2.2 多旋翼无人机的发展趋势

20 世纪 90 年代之后，随着微型电子机械系统（micro eleetromechanical system，MEMS）研究成熟，质量只有几克的 MEMS 惯性传感器被开发运用，使多旋翼无人机自动控制器的制作成为现实。2005 年，德国生产的 MD4-200 多旋翼无人机成为第一部能够实现自主悬停并具备半自主飞行功能的多旋翼无人机。

随着苹果公司（Apple Inc.）在手机上大量应用加速计、陀螺仪、地磁传感器等，MEMS 惯性传感器从 2011 年开始大规模兴起，6 轴、9 轴的惯性传感器也逐渐取代了单个传感器，成本仅为几美元，成本和功耗进一步降低。全球导航卫星系统（global navigation satellite system，GNSS）芯片仅重 0.3g，价格不到 5 美元。WiFi 等通信芯片被用于控制和传输图像信息，通信传输速度和质量可以满足几百米的传输需求。电池能量密度不断增加，使无人机在保持较轻的质量下，续航时间达 15～30min，基本满足日常应用需求。近年来，移动终端被广泛使用，锂电池和高像素摄像头性能急剧提升且成本下降，这些都促进了多旋翼无人机更进一步发展。

2012 年初，大疆创新推出精灵一体机，彻底改变了多旋翼无人机市场。大疆创新重新对多旋翼无人机的使用人群和作用进行了定义。以往的多旋翼无人机因为操作难度高的原因被定义为航模，使用群体也是航模爱好者和科技爱好者。精灵一体机控制简便（初学者也很容易上手），且价格也能被普通消费者接受，同时，还可搭载运动相机拍摄运动场景，这使其迅速成为当代年轻人竞相追逐的时尚潮流。因此，精灵一体机一经推出便迅速获得大量好评。大疆创新早期的精灵 1 多旋翼无人机如图 1-2 所示。

图 1-2　大疆创新早期的精灵 1 多旋翼无人机

2015 年，伴随着多旋翼无人机迅速增多，多旋翼无人机逐步出现在普通民众视野。国内各个企业对无人机的研发投入也在迅速增加，适应各种不同应用场景的无人机被陆续开发出来，现在多旋翼无人机已经广泛应用在影视、农业植保、电力巡线和架线等领域。

1.3 无人机的分类及比较

无人机用途广泛、特点鲜明、种类繁多，不同的无人机在尺寸、质量、航程、航时、飞行高度、飞行速度、用途等方面都有较大差异。

1.3.1 按用途分类

按用途分类，无人机可分为军用和民用两种，本书仅介绍民用无人机。民用无人机按用途又可分为航拍影视无人机、巡查/监视无人机、农业植保无人机、气象无人机、勘探无人机以及测绘无人机。民用无人机分类（按用途）如图 1-3 所示。

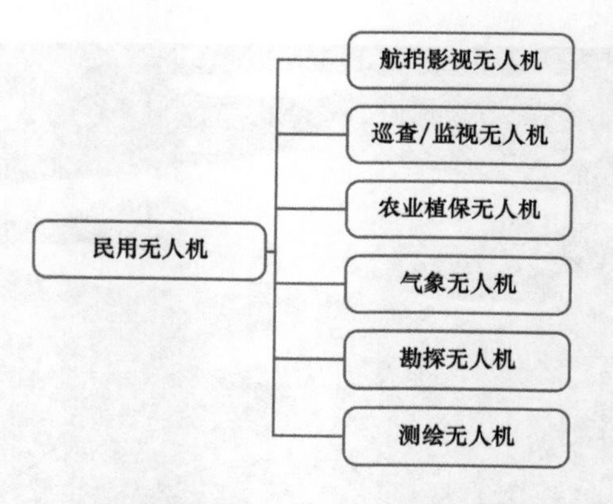

图 1-3 民用无人机分类（按用途）

1.3.2 按平台类型分类

自 1903 年莱特兄弟的无人机成功飞行，无人机的发展已经有百年的历史。同时，无人机类型也出现了多样的变化，除主流的固定翼无人机之外，直升机、旋翼机、飞艇也都在快速发展。按平台类型可将无人机划分为固定翼无人机、单旋翼无人机、多旋翼无人机三类，无人机分类（按平台类型）如图 1-4 所示。

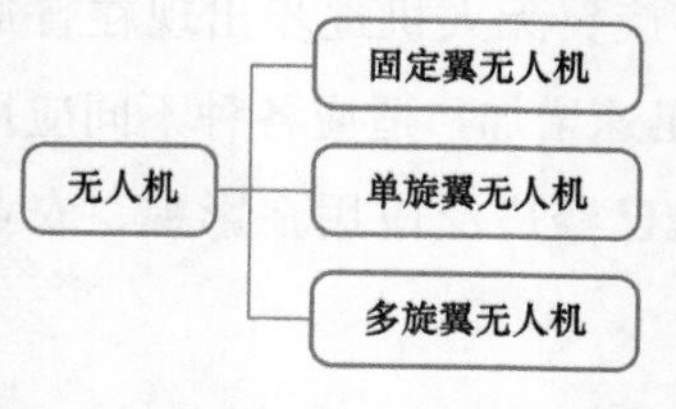

图 1-4 无人机分类（按平台类型）

1. 固定翼无人机

固定翼无人机是机翼固定无需旋转，依靠经过机翼的气流提供升力的一种无人机，如图 1-5 所示。

图 1-5　固定翼无人机

固定翼无人机在这三类机型里续航时间最长、飞行效率最高、载荷最大、飞行稳定性最高；其缺点是起飞时必须要助跑或者借助器械弹射，降落时必须要滑行或是利用降落伞降落。

2. 单旋翼无人机

单旋翼无人机，也被称为无人驾驶直升机，如图 1-6 所示。它是由一个主旋翼提供升力的垂直起降型无人机，同时机尾有尾翼来抵消主旋翼产生的自旋力。主旋翼有较为复杂的机械结构，用以控制无人机的飞行动作。

图 1-6　单旋翼无人机

单旋翼无人机可垂直起降且无需跑道、地形适应能力强；其缺点是机械结构复杂、维护成本高、续航及速度都低于固定翼无人机。

图 1-7　多旋翼无人机

3. 多旋翼无人机

多旋翼无人机是指拥有三个或者更多旋翼的旋翼类无人机，如图 1-7 所示。其机械结构简单，螺旋桨直接连接电动机，全机的运动部分只有螺旋桨和电动机。

多旋翼无人机的特点是能够实现垂直起降，并且自身机械结构简单，无机械磨损；其缺点是其续航及载重在三种无人机中最低。

4. 多旋翼、单旋翼、固定翼优劣比较

（1）续航和载重方面。固定翼无人机可以以较低功率进行巡航，而旋翼类无人机必须保证螺旋桨产生的升力不小于机身的重力，所以固定翼无人机的飞行效率最高；而单旋翼无人机与多旋翼无人机相比，其螺旋桨直径更大，气动效率更高。

（2）起降便利性方面。固定翼无人机起降必须借助跑道或专用器械，所以其起降便利性最低；多旋翼无人机和单旋翼无人机都属于垂直起降型无人机，起降便利性差别不大。

（3）操作难易度方面。拥有自稳系统的多旋翼无人机起降简单、操作易上手，其操作难度最低；固定翼无人机起降较复杂、空中操作较简单；单旋翼无人机操作难度较高，并且其飞行时会产生较大的气浪声，易对操作者造成较大心理压力。

（4）工作可靠性方面。多旋翼无人机没有传动部件，唯一旋转的部件就是螺旋桨，所以其工作可靠性较高；固定翼无人机具有自稳定性，工作可靠性也较高；单旋翼无人机拥有复杂的传动结构、减速结构、控制结构，工作可靠性相对较低。

1.4　多旋翼无人机的结构

从多旋翼无人机的定义可知，多旋翼是指旋翼不小于三个的无人机，其结构多样，下面将选取市场上最常见的几种多旋翼结构进行分析。

1.4.1 四旋翼无人机

四旋翼是结构简单、飞行效率相对高的一种常见多旋翼结构。截至 2019 年，四旋翼无人机是市场上保有量最大的多旋翼无人机类型。四旋翼玩具、小型航拍机一般都选用该结构。但缺点是四旋翼没有动力冗余，任何一个电动机出现问题停转，无人机都将失去控制而摔机。常见的四旋翼无人机有大疆 F450 四旋翼无人机、大疆精灵 4 PRO 四旋翼无人机 2 种，分别如图 1-8、图 1-9 所示。

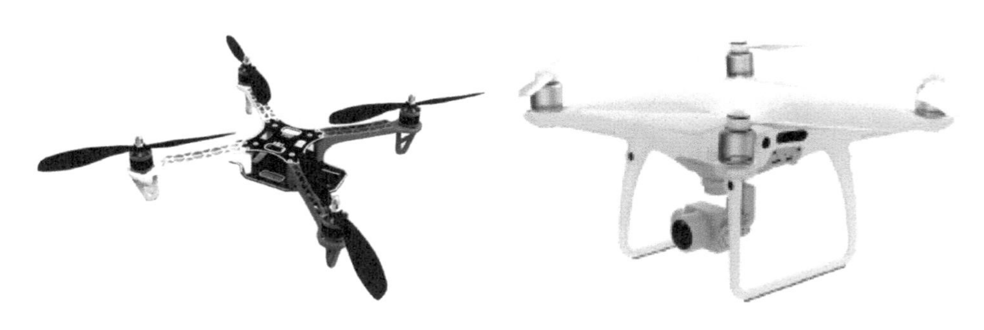

图 1-8 大疆 F450 四旋翼无人机　　图 1-9 大疆精灵 4 PRO 四旋翼无人机

1.4.2 六旋翼无人机

理论上，桨叶越大气动效率越高。如果从气动效率的角度出发，中大型多旋翼无人机也应采用大四轴设计，但是由于四旋翼没有动力冗余，而六旋翼的设计实现了动力冗余，六旋翼在出现一个电动机停转的情况下依然可将无人机安全降落。所以，中大型轴距的多旋翼无人机多采用六轴结构，如大疆 S800 与 M600 六旋翼无人机，大疆 S800、M600 六旋翼无人机分别如图 1-10、图 1-11 所示。

图 1-10 大疆 S800 六旋翼无人机　　图 1-11 大疆 M600 六旋翼无人机

1.4.3 八旋翼无人机

更大型的多旋翼无人机可能会采用更多轴数的设计，例如 8 轴、16 轴，甚至还有更高轴数的设计。大疆创新常见八旋翼无人机如大疆 S1000 八旋翼无人机、大疆 MG-1 农业植保机，分别如图 1-12、图 1-13 所示。

图 1-12 大疆 S1000 八旋翼无人机

图 1-13 大疆 MG-1 农业植保机

1.5 多旋翼无人机的应用

多旋翼无人机应用广泛，包括影视航拍、电力巡线、应急救援、农业植保、石油管道巡视、海上监视与救援、环境保护、渔业监管、消防、城市规划与管理、气象探测、交通监管、地图测绘、国土监察等。多旋翼无人机应用范围如图 1-14 所示。

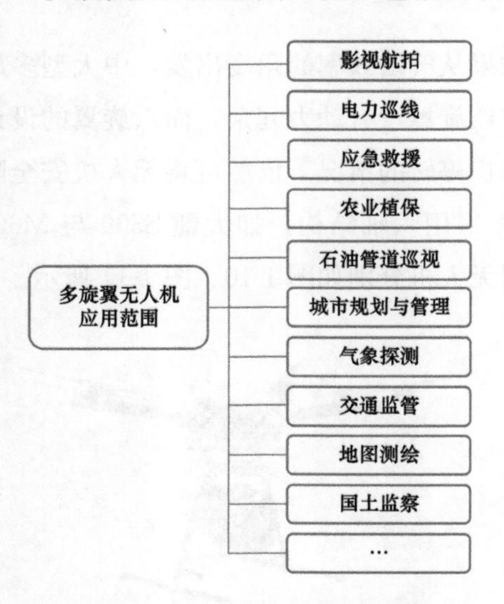

图 1-14 多旋翼无人机应用范围

1.5.1 影视航拍

运用多旋翼无人机进行航拍不仅降低了成本，而且飞行稳定性高，可实现空中悬停，因此已被广泛应用到影视航拍领域。多旋翼无人机拍摄的城市夜景如图 1-15 所示。

图 1-15　多旋翼无人机拍摄的城市夜景

1.5.2　电力巡检

用多旋翼无人机进行输电线路巡检，不仅可降低工作人员的作业风险和工作强度，还可提高输电线路的巡视效率。多旋翼无人机对高压输电线路进行巡检如图 1-16 所示。

图 1-16　多旋翼无人机对高压输电线路进行巡检

1.5.3　应急救援

当火灾、地震、洪涝灾害发生时，启动多旋翼无人机可及时将现场图像输送到指挥中心，辅助相关人员有效地进行指挥工作。多旋翼无人机拍摄的天津港爆炸画面如图 1-17 所示。

图 1-17　多旋翼无人机拍摄的天津港爆炸画面

1.5.4　农业植保

植保无人机在农业生产过程可进行施药、授粉等作业，同时，还可利用无人机进行低空农田信息采集，准确清晰地获得农田信息，实现精准农业。多旋翼农业植保无人机如图 1-18 所示。

图 1-18　多旋翼农业植保无人机

1.5.5 石油管道巡视

石油制品不仅在运输、加工及油库储存的过程中容易引发火灾、爆炸等，而且其具有一定毒性，大量泄漏和不合理排放也会造成人畜中毒等公害。使用无人机进行石油管道巡视，可以实现石油工业的防火、防爆安全，可以最大限度减少事故损失，所以无人机石油管理巡视是石油生产、运输、储存过程中防火、防爆监控管理的发展趋势。多旋翼无人机拍摄的炼油厂如图 1-19 所示。

图 1-19 多旋翼无人机拍摄的炼油厂

因生产需要，会有很多的管路需要运输多种不同的材料，如蒸汽、热水、各种工业溶液等。随着时间的推移，管路可能发生保温层松脱、管壁腐蚀变薄甚至破损，以及管壁内结垢堵塞等情形。无人机可以在一些巡检人员较难获得的角度上进行巡查，通过对携带的红外热像仪提供的温度数据进行处理，即时发现异常的高温、低温区域，从而采取措施，及时消除隐患。

1.6 多旋翼无人机的飞行原理及控制

多旋翼无人机通过调节多个电动机转速来改变螺旋桨转速，从而实现升力的变化，进而达到飞行姿态控制的目的。

1.6.1 飞行原理

以四旋翼无人机为例，飞行原理示意如图 1-20（a）所示，M1 和 M3 逆时针旋转的同时，M2 和 M4 顺时针旋转，因此无人机平衡飞行时，陀螺效应和空气动力扭矩效应全被抵消，飞行原理介绍可扫描图 1-20（b）的二维码观看。与传统的直升机使用尾桨保持平衡飞行相比，四旋翼无人机由于各个旋翼对机身所产生的反扭矩与旋翼的旋转方向相反，因此当 M1 和 M3 逆时针旋转时，M2 和 M4 顺时针旋转，可以平衡旋翼对机身的反扭矩。

图 1-20　四旋翼无人机的飞行原理示意及介绍

（a）飞行原理示意图；（b）飞行原理介绍

1.6.2 无人机的飞行动作控制

一般情况下，多旋翼无人机可以通过调节不同电动机的转速来实现垂直、俯仰、横滚和偏航 4 个方向上的运动。飞行动作解析可扫描图 1-21 的二维码观看，十字形四旋翼的控制方法示意图如图 1-22 所示。

图 1-21　飞行动作解析

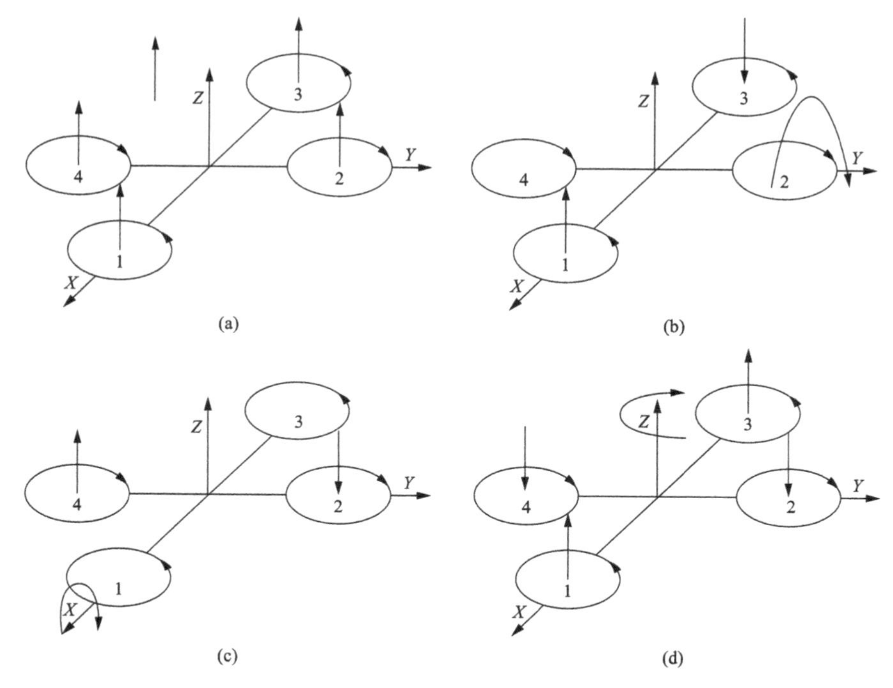

图 1-22　十字形四旋翼的控制方法示意图

（a）垂直运动；（b）俯仰运动；（c）横滚运动；（d）偏航运动

1. 垂直运动

垂直运动即实现升降控制，两对电动机转向相反，可以平衡其对机身的反扭矩。当同时增加四个电动机的输出功率，旋翼转速增加使得总的拉力增大，当总拉力足以克服整机的重力时，四旋翼无人机便离地垂直上升；反之，同时减小四个电动机的输出功率，四旋翼无人机则垂直下降，直至平衡落地，实现沿 Z 轴的垂直运动。当外界扰动量为零时，在旋翼产生的升力等于无人机的自重时，无人机便保持悬停状态。保证四个旋翼的转速同步增加或减小是垂直运动的关键。垂直运动时全部电动机的受力方向是一致的，垂直运动电动机受力分析如图 1-22（a）所示。

2. 俯仰运动

俯仰运动即实现前后控制，俯仰运动时电动机受力分析如图 1-22（b）所示。M1 的转速上升，M3 的转速下降，M2、M4 的转速保持不变。为了不因旋翼转速的改变而引起四旋翼无人机整体扭矩及总拉力改变，旋翼 1 与旋翼 3 转速改变量的大小应相等。由于旋翼 1 的升力上升，旋翼 3 的升力下降，产生的不平衡力矩使机身绕 Y 轴旋转，同理，当 M1 的转速下降，M3 的转速上升，机身便绕 Y 轴向另一个方向旋转，实现无人机的俯仰运动。俯仰运动时 M1、M3 转速不同。

3. 横滚运动

横滚运动即实现左右控制，横滚运动时电机受力分析如图 1-22（c）所示。与俯仰运动的原理相同，改变 M2 和 M4 的转速，保持 M1 和 M3 的转速不变，便可以使机身绕 X 轴方向旋转，从而实现无人机横滚运动。

4. 偏航运动

偏航运动即实现旋转控制，四旋翼无人机偏航运动可以借助旋翼产生的反扭矩来实现。旋翼转动过程中由于空气阻力作用会形成与转动方向相反的反扭矩，为了克服反扭矩影响，可使四个旋翼中的两个正转，两个反转，且对角线上的各个旋翼转动方向相同。反扭矩的大小与旋翼转速有关，当四个电动机转速相同时，四个旋翼产生的反扭矩相互平衡，四旋翼无人机不发生转动；当四个电动机转速不完全相同时，不平衡的反扭矩会引起四旋翼无人机转动。偏航运动时电动机受力分析如图 1-22（d）所示，当 M1 和 M3 的转速上升，M2 和 M4 的转速下降时，旋翼 1 和旋翼 3 对机身的反扭矩大于旋翼 2 和旋翼 4 对机身的反扭矩，机身便在富余反扭矩的作用下绕 Z 轴顺时针转动，从而实现无人机的偏航运动。

在这里，我们可以总结为：当顺时针旋转的电动机转速高于逆时针电动机时，无人机将逆时针旋转。偏航运动时 M1、M3 与 M2、M4 转速不同。

1.6.3 主控单元的飞行模式控制

多旋翼无人机一般提供定位模式、姿态模式、手动模式三种飞行模式。遥控器上方的飞行模式切换开关如图 1-23 所示。

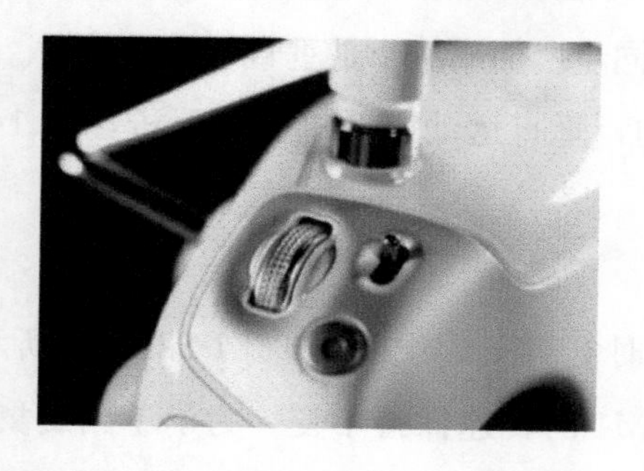

图 1-23 遥控器上方的飞行模式切换开关

1. 定位模式

当无人机处于定位模式时，除了能自动保持无人机姿态平稳外，还具备精准定位的功能。在该种模式下，无人机能实现定位悬停、自动返航降落等功能。定位模式也就是惯性测量单元（inertial measurement unit，IMU）、全球卫星定位导航系统（GNSS）、磁罗盘、气压计全部正常工作，在没有受到外力的情况下（比如大风）无人机将一直保持当前高度和当前位置。主控单元定位模式的控制循环方式如图 1-24 所示。

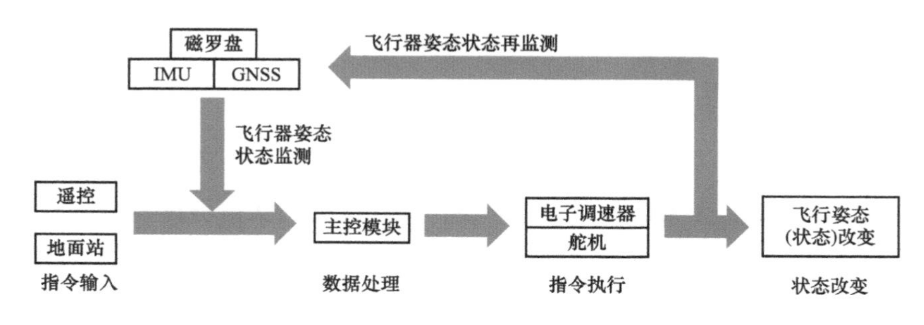

图 1-24　主控单元定位模式的控制循环方式

定位模式下，主控模块进行数据处理和指令输出时，主控模块在基于磁罗盘、IMU 和 GNSS 模块提供的环境数据进行指令输出后，需要对无人机输出的姿态和状态进行重新监测，形成一个定位及姿态控制闭环系统。一旦无人机状态（定位信息、航向信息、姿态信息等）与主控模块设定的状态不符，主控则可发出修正指令，对无人机进行状态修正。定位模式下无人机具有比较强的自体稳定性。

实际上，很多无人机的高级功能都需要 GNSS 参与才能完成，如大部分无人机的飞控系统所支持的地面站作业以及返回断航点功能，只有在 GNSS 参与的情况下无人机才知道自己在哪，自己该去哪。

定位模式也是目前多旋翼无人机用的最多的飞行模式，它在遥控器上的代码通常为 P。

2. 姿态模式

姿态模式能自动保持无人机的姿态和高度，但不能实现自主定位悬停。没有了 GNSS 的地理位置信息，无人机在此模式下将持续不稳定飘移，无法稳定悬停在某一点。姿态模式的操作难度大于定位模式，因为无人机会不断地进行飘移，所以需要进行人工调整。姿态模式在部分遥控器上代码是 A。主控单元姿态模式的控制循环方式如图 1-25 所示。

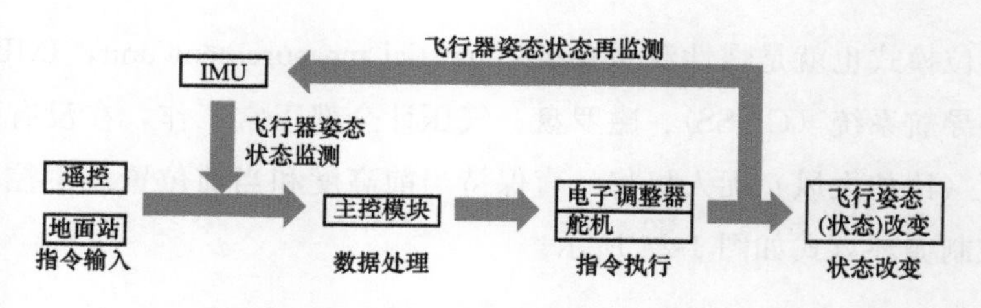

图 1-25　主控单元姿态模式的控制循环方式

姿态模式下，主控模块进行数据处理和指令输出时，主控模块仅基于 IMU 模块提供的环境数据进行指令输出后，对无人机的实时姿态进行监测，形成一个姿态控制闭环系统。无人机姿态信息与主控模块设定的状态不符，主控模块则可发出姿态修正指令，对其进行姿态修正。该模式下无人机仅具有姿态稳定功能，不具备精准定位悬停功能。

大部分无人机普遍工作在定位模式下，姿态模式只作为应急飞行模式。姿态模式下无人机的操控难度将大大增加，如需使用该模式，务必熟悉该模式下无人机的行为并且能够熟练操控无人机，使用时切勿让无人机飞出较远距离，以免因为距离过远，无法判断无人机姿态从而造成风险。无人机一旦被动进入姿态模式，则应当使其尽快降落到安全位置以避免发生事故。同时应当尽量避免在 GNSS 卫星信号差的地区及狭窄空间飞行，以免被动进入姿态模式，导致飞行事故。

图 1-26　姿态模式

扫描图 1-26 所示的二维码，可以观看有关姿态模式的完整教学视频。

3. 手动模式

手动模式下，主控单元不会对无人机的姿态进行介入控制，仅对无人机姿态执行指令输出。手动模式下，无人机无法实现姿态平衡、稳定自悬等功能，因此无人机飞行需要由具有一定飞行经验的操作手执飞。主控单元姿态模式的控制循环方式如图 1-27 所示。

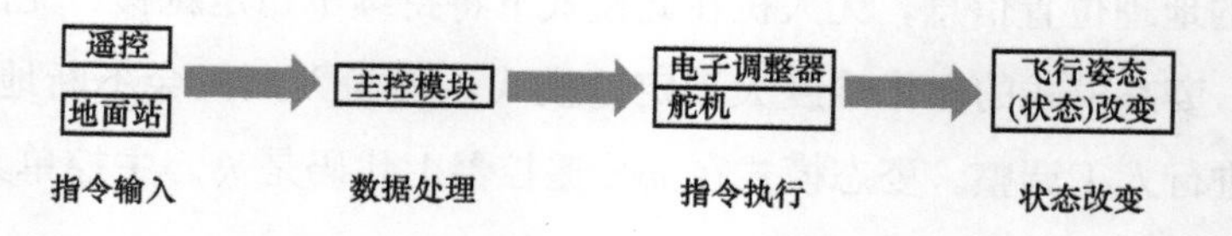

图 1-27　主控单元姿态模式的控制循环方式

1.6.4 自动返航控制

部分飞行器具备自动返航功能。若飞行器在起飞前成功记录了返航点，则当遥控器与飞行器之间失去通信信号时，飞行器将自动返回返航点并降落，以防发生意外。以大疆创新为例，该公司飞行器提供了失控返航、智能返航以及智能低电量返航三种不同的返航方式。返航场景如图 1-28 所示，智能返航可扫描图 1-29 所示的二维码观看。

图 1-28 返航场景

(a) (b)

图 1-29 智能返航

（a）功能介绍；（b）返航操作

1. 失控返航

基于前视的双目立体视觉系统，无人机可在飞行过程中实时对飞行环境进行地图构建，并记录飞行轨迹。当飞行器遥控信号中断超过 3s 时，飞控系统将接管飞行器控制权，并参考原飞行路径规划线路，控制飞行器返航。如果在返航过程中，无线信号恢复正常，用户可以通过遥控器控制飞行速度和高度，且可短按遥控器智能返航按键以取消返航。返航过程图解如图 1-30 所示。

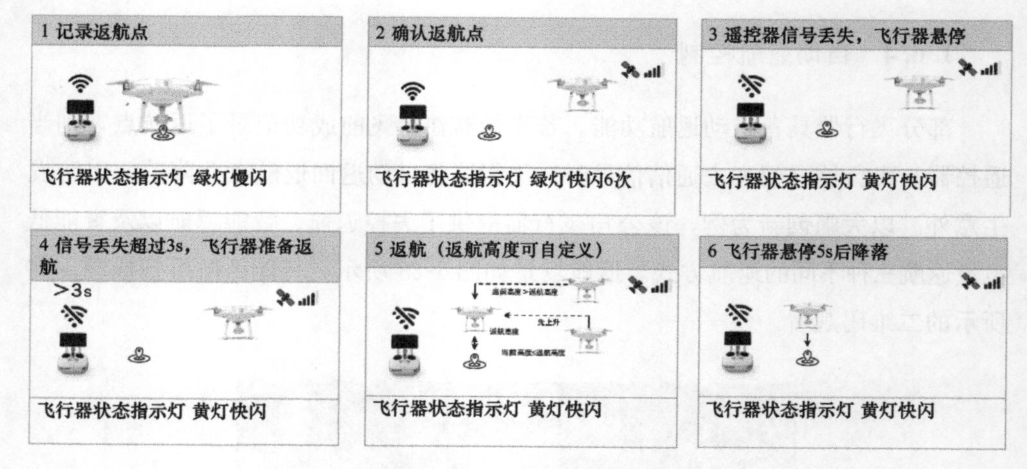

图 1-30　返航过程图解

目前大疆创新的飞行器产品在飞行器与遥控器断开通信行为后（多机模式下设置将影响全部飞行器），即失控后有返航、降落、悬停三种行为可选。选择返航则会触发失控返航。

2. 智能返航

智能返航模式可通过遥控器智能返航按键启动，其返航过程与失控返航一致，区别在于处于智能返航模式时用户可通过打杆控制飞行器飞行的速度和高度从而躲避障碍物。启动后飞行器状态指示灯仍按照当前飞行模式闪烁。智能返航过程中，飞行器可在最远 300m 处观测到障碍物，提前规划绕飞路径，智能地选择悬停或绕过障碍物。如果障碍物感知系统失效，用户仍能控制飞行器的速度和高度，通过遥控器上的智能返航按键退出智能返航后，用户可重新获得控制权。

3. 智能低电量返航

智能飞行电池电量过低，没有足够的电量返航时，用户应尽快降落飞行器，否则飞行器将会直接坠落，导致飞行器损坏或者引发其他危险。为防止因电池电量不足而出现不必要的危险，无人机主控单元将会根据飞行的位置信息，智能地判断当前电量是否充足。若当前电量仅足够完成返航过程，飞行器将自动进入返航，并在返航点上方 2m 处悬停等待用户确定降落。返航过程中用户可短按遥控器智能返航按键取消返航过程。智能低电量返航在同一次飞行过程中仅出现一次。若当前电量仅足够实现降落，飞行器将强制下降，不可取消。返航和下降过程中均可通过遥控器（若遥控器信号正常）控制飞行器。电池能量槽显示如图 1-31 所示。

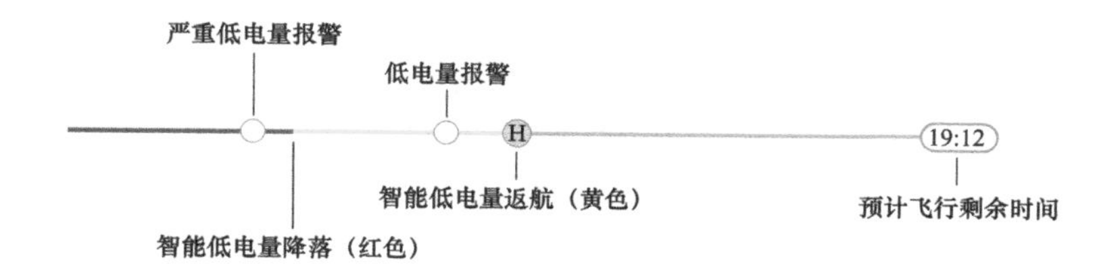

图 1-31　电池能量槽显示

注意事项如下：

（1）飞行器自动下降过程中也可以推油门杆使其悬停，操控飞行器转移到更合适的地方再落。

（2）电池能量槽上的颜色区间以及预计剩余飞行时间，将根据飞行器的飞行高度以及与返航点的距离动态调整。

（3）用户在电池设置中所设的低电量报警阈值，仅为低电量时的报警提示，并不会触发返航。

当光照满足前视视觉系统工作条件时，飞行器可实现返航避障。具体过程如下：

（1）飞行器可在最远 300m 处观测到障碍物，提前规划绕飞路径，智能地绕过障碍物。

（2）若机头前方 15m 处检测出障碍物，飞行器将减速。

（3）减速至悬停后，飞行器将自行上升以躲避障碍物。在上升至障碍物上方 5m 处后，飞行器停止上升。

（4）退出上升状态，飞行器继续飞往返航点。避障返航如图 1-32 所示。可扫描图 1-33 所示的二维码观看返航模拟演示。

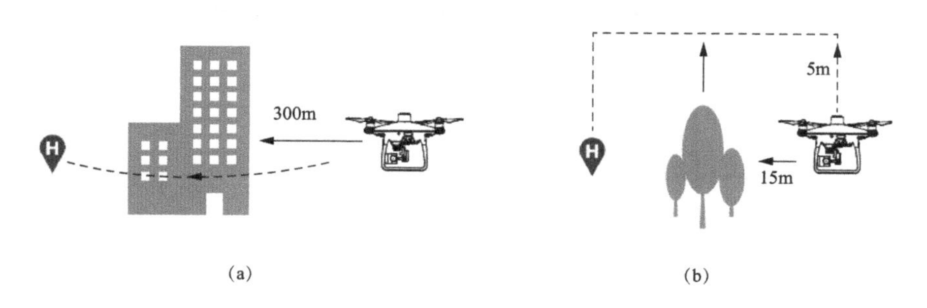

图 1-32　避障返航

（a）提前规划路线；（b）停止上升

图 1-33　返航模拟演示

4. 自动返航安全注意事项

起飞时或飞行过程中，GNSS 信号首次达到四格及以上时，将飞行器当前位置记录为返航点，记录成功后，飞行器状态指示灯将快速闪烁若干次。

飞行过程中，可以通过手机应用“DJI GO”更新返航点。可选择使用以下两种方案更新返航点：①以飞行器当前位置为返航点；②以遥控器当前位置为返航点。返航点设置菜单如图 1-34 所示。

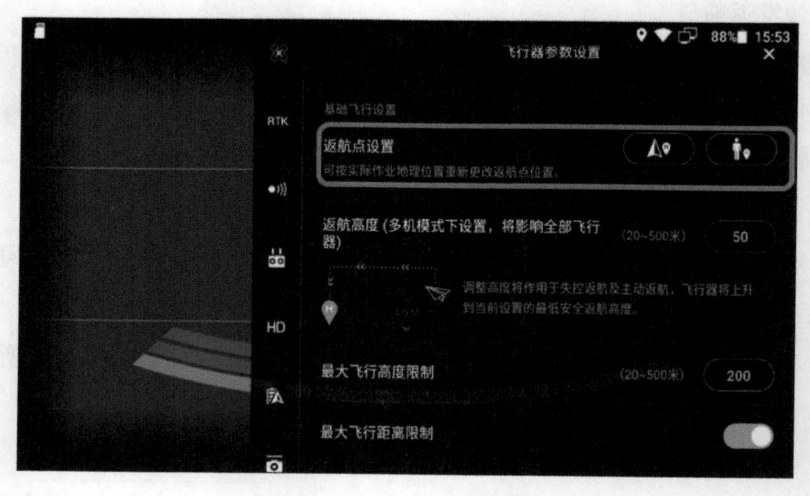

图 1-34　返航点设置菜单

(1) 更新返航点的步骤。

1) 运行 DJI GO，点击“开始飞行”。

2) 点击●●●>，在返航点设置中选择，此时飞行器的当前坐标将被更新为返航点。

3) 点击●●●>，在返航点设置中选择，此时遥控器的当前坐标将被更新为返航点。

4）返航点设置成功后，飞行器状态指示灯将显示绿灯快闪。

（2）注意事项。

1）飞行器会在 GNSS 信号首次达到四格及以上时，记录返航点。如果在记录返航点后移动飞行器并起飞或飞行器处在移动平台上（如车或船），要注意及时更新返航点。

2）在有遮挡物附近（如高大建筑物旁）起飞，起飞时 GNSS 信号未达到四格以上，起飞记录返航点后请及时更新返航点。

3）若用遥控器内置 GNSS 模块设置返航点时，请尽量确保 GNSS 模块（带 DJI 标志的位置）上方无遮挡，并且四周无高大建筑物遮挡。

5. *自动返航高度设置*

设置的返航高度要高于航测区内障碍物的高度，但也不能设置过高，因为无人机会预留智能低电量返航时先上升到返航高度再下降的电量，因此返航高度设置过高会影响正常飞行的时间。

自动返航过程中，若光照条件不符合前视视觉系统需求，则飞行器无法躲避障碍物，但可使用遥控器控制飞行器的速度和高度。所以在起飞前务必先进入应用程序 DJI GO 的相机界面，选择●●●>✕，设置适当的返航高度。自动返航高度设置如图 1-35 所示。

图 1-35　自动返航高度设置

自动返航（包括智能返航、智能低电量返航和失控返航）过程中，飞行器在上升至20m高度前不可控，但仍可以通过终止返航停止上升过程。若在飞行器水平距离返航点5m内触发返航，而飞行器的飞行高度在30m以下或避障功能关闭时，飞行器将会从当前位置自动下降并降落，而不会爬升至预设高度。

返航高度设置应注意以下事项：

（1）当GNSS信号欠佳（信号三格以下，GNSS图标为灰色）或者GNSS不工作时，不可使用自动返航。

（2）返航过程中，当飞行器上升至20m但没达到预设返航高度前，若用户推动油门杆，则飞行器将会停止上升并从当前高度返航。

（3）在返航过程中无人机虽然具备了避障功能，但遇到暗光、反光玻璃时依然有炸机的风险。

（4）当返航过程中遇到指南针干扰过强，无人机也会进入姿态模式无法实现自动返航。

（5）无人机会在智能低电量返航时强制降落，不可取消。强制降落时如果下方是水面或其他有危险的地方，会造成无人机损坏，这时把油门杆向上推，无人机会减缓下降速度，还能在空中保持悬停。再操控无人机前后左右飞行，降落到安全的地方。

第2章 多旋翼无人机的系统构成

2.1 系 统 组 成

多旋翼无人机系统由空中部分、地面部分及连接两者的链路系统组成，可以从地面端、飞行平台、任务设备三个维度来认识。地面端负责信息输入输出，将操作手的操作指令传向天空并接收任务设备信息，从而操作飞行平台以及任务设备完成预定的动作要求。飞行平台通过链路系统接收地面端的指令，通过动力系统和飞行控制系统（简称飞控系统）实现稳定悬停、手动飞行、自主飞行等一系列飞行动作。任务设备通过接收地面端的信号，完成预定的任务动作，如拍摄、喷洒、投掷等。

多旋翼无人机的系统构成及介绍如图2-1所示。

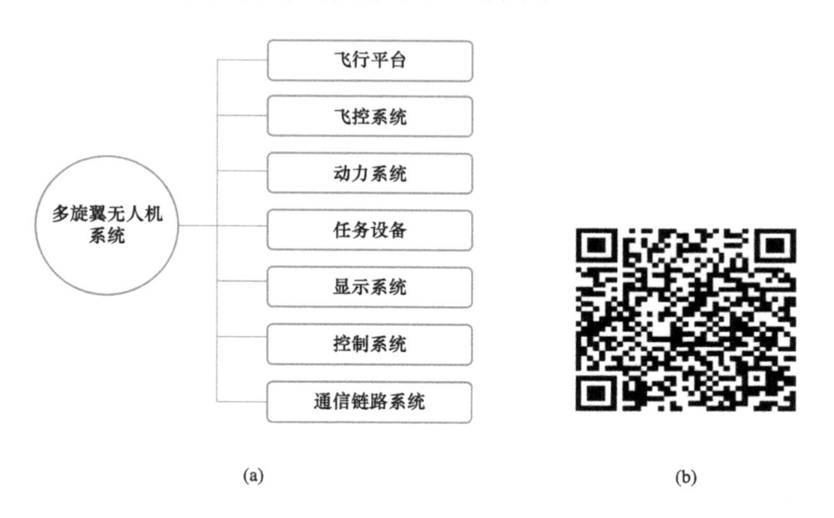

图2-1 多旋翼无人机的系统构成及介绍

(a) 系统构成；(b) 系统介绍

飞行平台指的是整个机身，它提供了无人机的基本框架，装载各种设备、电池和其他配件。

飞控系统指的是无人机的计算单元，用于融合并计算机身传感器获取的无人机状态数据。

动力系统指的是无人机的动力来源，由电动机、电子调速器、螺旋桨、电池、充电器共同构成，为整个无人机提供飞行的动力。

任务设备是多旋翼无人机实施具体功能的载体。不同行业的无人机拥有不同的任务设备。

显示系统指的是用于显示无人机状态的设备。显示信息包含无人机的高度、速度、电量、姿态、位置等数据，操作手可根据显示系统提供的信息，掌握无人机的状态。

控制系统指的是地面控制设备，如遥控器等操作平台。操作手通过地面控制设备操作无人机飞行。

通信链路系统由天空端和地面端共同构成。无人机通过通信链路实现显示和控制系统的功能。

2.2 飞行控制系统

飞控系统通过主控单元的控制算法，融合并计算无人机的飞行姿态等数据，控制无人机的飞行。

飞控系统是无人机实现平稳飞行的前提。由于人眼的有效视距有限，无人机飞行距离越远，其控制精度越差。

飞控系统一般主要由主控单元、惯性测量单元、卫星定位模块、指南针模块、指示灯模块、电源管理模块和数据记录模块等部件组成。

飞控系统构成及介绍如图 2-2 所示。

以大疆创新 A2 飞控系统为例介绍飞控系统的连接。惯性测量单元以及卫星定位模块的数据经整合后汇入主控单元；电源管理模块一侧连接主电源，一侧连接主控单元，对主控单元进行供电；所有的电子调速器（简称电调，用于控制电动机转速的电子元器件）接入主控单元，电调另一侧接电动机，主控单元通过对电调的控制进而对整个动力系统进行控制；指示灯模块由电源管理模块进行供电。大疆创新 A2 飞控系统连接示意如图 2-3 所示。

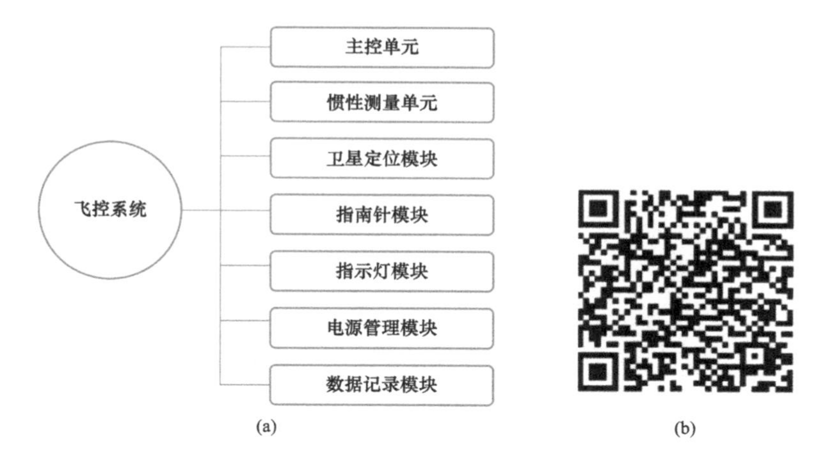

图 2-2 飞控系统构成及介绍

（a）系统构成；（b）系统介绍

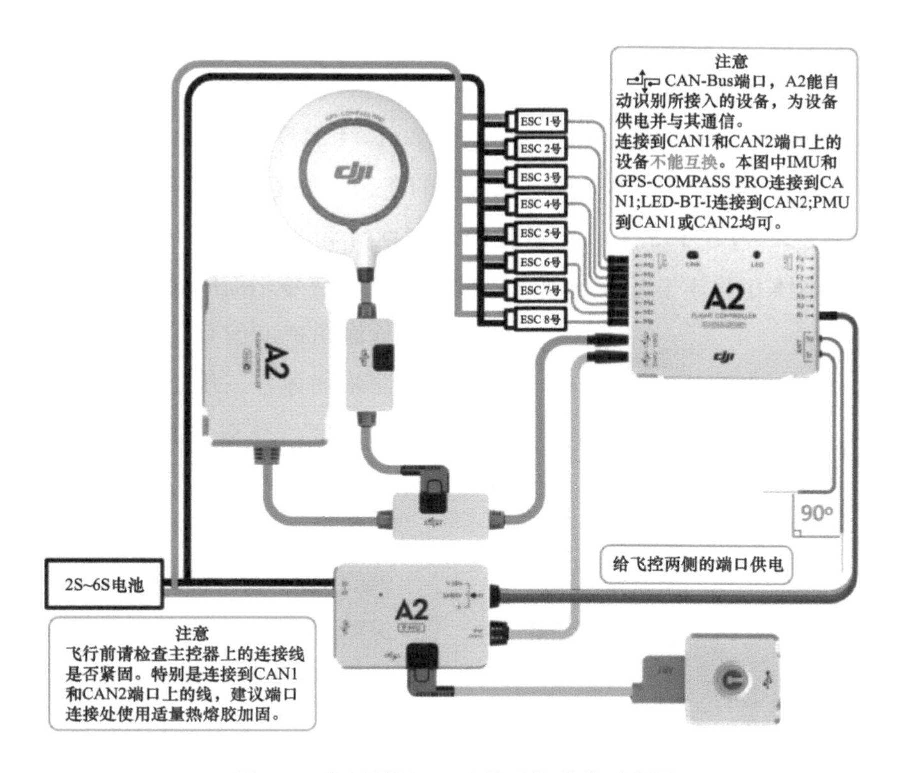

图 2-3 大疆创新 A2 飞控系统连接示意图

2.2.1　主控单元

主控单元是飞行控制系统的核心，负责传感器数据的融合计算，实现无人机飞行基本功能。大疆创新 A3 飞控系统主控单元外形如图 2-4 所示。

图 2-4　大疆创新 A3 飞控系统主控单元外形

2.2.2　惯性测量单元

惯性测量单元（inertial measurement unit，IMU），包含加速度计、角速度计和气压高度计传感器，用于感应无人机的姿态、角度、速度和高度等数据。

一个 IMU 包含了 3 个以上单轴的加速度计和 3 个以上单轴的陀螺，加速度计检测物体在载体坐标系统独立三轴的加速度信号，而陀螺检测载体相当于检测角速度信号的导航坐标系，它测量物体在三维空间中的角速度和加速度，并以此解算出物体的姿态。IMU 在导航中有着很重要的应用价值。气压高度计是测量大气压强的设备，通常内置于 IMU 中，是保障无人机飞行高度稳定的传感器。

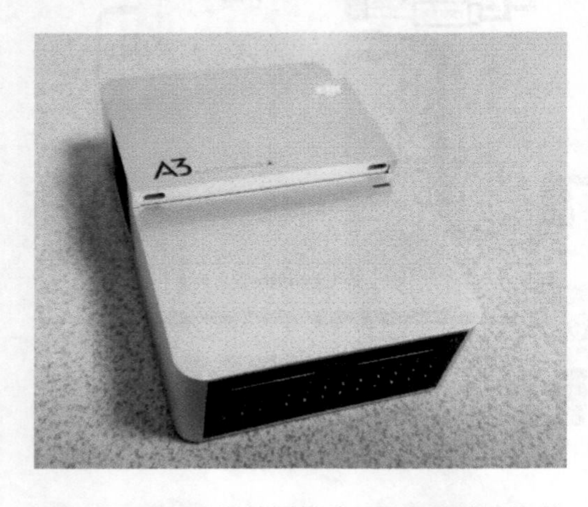

图 2-5　内置了惯性测量单元的主控单元外形

如今大部分惯性测量单元均已内置于主控单元中，该主控单元外形如图 2-5 所示。

一旦 IMU 的角速度参数发生异常，无人机将无法正常进行操作。发现无人机飞行状态不佳时，应及时检测 IMU 的陀螺模值与加速度模值是否正常，如果模值不在规定范围内，则需要进行校准。

2.2.3　卫星定位模块

全球卫星定位导航系统（global navigation satellite system，GNSS）用于确定无人机的方向及经纬度，从而实现无人机的失控保护、自动返航、精准定位悬停等功能。运行中的全球卫星定位系统有美国的 GPS 系统、俄罗斯的GLONASS 系统、欧盟的 GALILEO 系统、中国北斗卫星导航系统 4 种。其中 GPS 是由美国国防部研制的具有全方位、全天候、全时段、高精度的卫星导航系统，能为全球用户提供低成本、高精度的三维位置、速度和精确定时等导航信息，是卫星通信技术在导航领域的应用典范。全球卫星定位导航系统极大地提高了全球的信息化水平，有力地推动了数字经济的发展。大疆创新卫星定位模块外形图如图 2-6 所示。

图 2-6　大疆创新卫星定位模块外形

1. GNSS 的基本构成及作用

GNSS 由空间部分、地面监控部分、用户设备部分组成。

（1）空间部分——GNSS 星座系统。GNSS 的空间部分是由至少 24 颗卫星组成（21 颗工作卫星、3 颗备用卫星），位于地表上空。卫星的分布使用户在全球任何地方、任何时间都可观测到 4 颗以上的卫星，并能为用户在卫星中预存导航信息。

（2）地面监控部分——地面监控系统。地面监控部分分为监测站、主控站和数据注入站三个主要组成部分，主控站从监测站接收数据并处理，生成卫星的导航电文（简称卫星电文），而后交由数据注入站执行信息的发送。

（3）用户设备部分——GNSS 信号接收机。接收部分通过用户接收机接收卫星的信号，根据接收的信号数据按一定的方式进行定位计算，最终得到用户的经纬度信息，完成地面的定位工作。

2. GNSS 为无人机飞控系统提供的服务

（1）提供无人机当前位置的经纬度，使无人机能够准确获得地理位置信息，从而能够实现定位悬停以及规划航线飞行。

（2）提供无人机的高度、速度、时间等信息，对无人机提供信息支持，提高飞行稳定性。GNSS 组成示意图如图 2-7 所示，GNSS 示意图如图 2-8 所示。

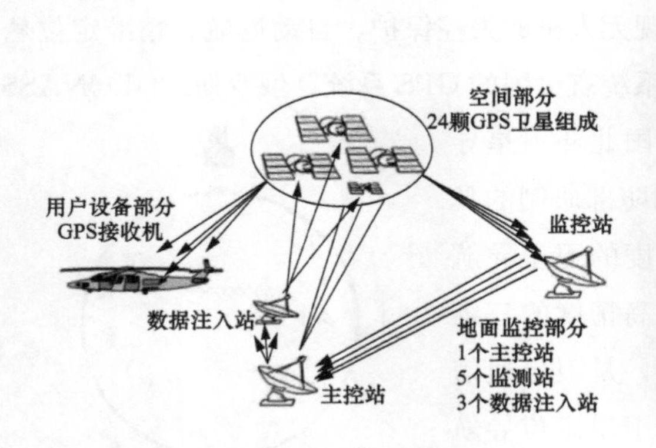

图 2-7 GNSS 组成示意图

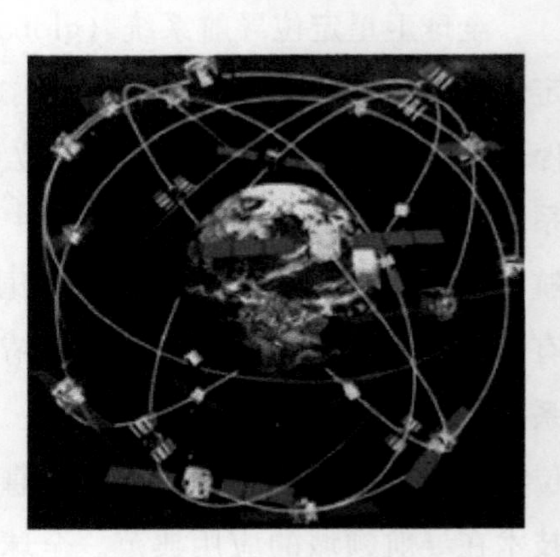

图 2-8 GNSS 示意图

2.2.4 指南针模块

地球磁场是指地球周围空间分布的磁场，近似于把一个磁铁棒放到地球中心，N 极大体上对着地理南极，S 极大体对着地理北极。

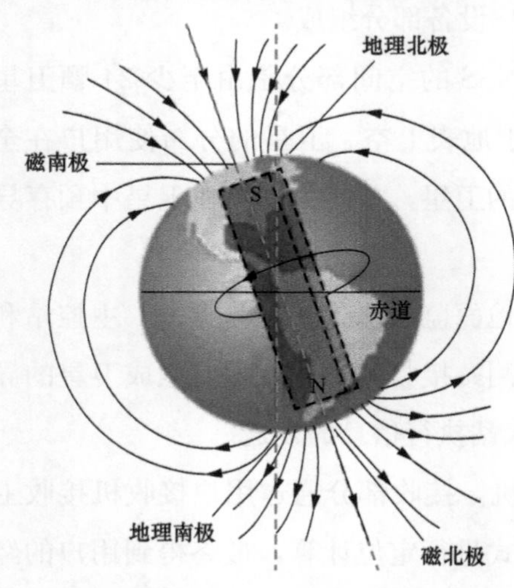

图 2-9 地球磁场示意图

地磁信号的特点是使用范围大，但强度较低，不到 1 高斯（电动机里面的钕铁硼磁铁可达几千高斯）。磁极与地理极不完全重合，存在磁偏角。地球磁场示意图如图 2-9 所示。

磁罗盘也被称为指南针，其利用地磁场固有的指向性测量空间姿态角度，可以通过地球磁场判断方向。

磁罗盘可以测量载体水平航向、俯仰

和横滚三种运动方向的姿态数据，因此可以应用于需要获取平台（或载体）姿态角度的场合，如航海、石油钻井、水下平台作业、无人机姿态测量和机器人控制等领域。

磁罗盘在多旋翼无人机中的作用是为无人机提供方位信息，属于无人机的传感器。磁罗盘正常工作是无人机正常飞行的前提。

由于多旋翼无人机的磁罗盘容易受到其他磁体的干扰，所以操作手需关注磁罗盘的状态，并根据操作要求对磁罗盘进行校正。

2.2.5 指示灯模块

指示灯模块通过显示颜色、闪烁频率、闪烁次数等，反馈无人机的飞行状态。大疆创新 A2 飞控系统指示灯模块外形如图 2-10 所示。

图 2-10 大疆创新 A2 飞控系统指示灯模块外形

以大疆创新精灵 4 的飞行状态指示灯显示方法为例，红灯快闪表示严重低电量报警，红黄交替灯快闪表示磁罗盘异常。操作手可通过指示灯显示颜色和闪烁频率的变化，掌握无人机的状态。大疆创新精灵 4 飞行器状态指示灯说明图例如图 2-11 所示。

2.2.6 电源管理模块

电源管理模块（power management unit，PMU）为整个飞控系统与接收机供电。以大疆创新 A2 飞控系统的 PMU 为例，该模块除了供电外，还可进行电压检测和低电压报警。其无人机飞控系统电源管理模块外形如图 2-12 所示。

飞行器状态指示灯说明		
正常状态		
红 绿 黄 ……	红绿黄连续闪烁	系统自检
黄 绿 ……	黄绿灯交替闪烁	预热
绿 ……	绿灯慢闪	可安全飞行（P 模式，使用 GPS 定位）
绿 X2 ……	绿灯双闪	可安全飞行（P 模式，使用视觉定位系统定位）
黄 ……	黄灯慢闪	可半安全飞行（A 模式，无 GPS、无视觉定位）
警告与异常		
黄 ……	黄灯快闪	遥控器信号中断
红 ……	红灯慢闪	低电量报警
红 ……	红灯快闪	严重低电量报警
红 ……	红灯间隔闪烁	放置不平或传感器误差过大
红 ——	红灯常亮	严重错误
红 黄 ……	红黄灯交替闪烁	指南针数据错误，需校准

图 2-11　大疆创新精灵 4 飞行器状态指示灯说明图例

2.2.7　数据记录模块

数据记录模块用于存储飞行数据。数据记录模块可以记录无人机在飞行过程的加速度、角速度、磁罗盘数据、高度和无人机的部分操作数据。无人机出现故障时，维护人员可对其记录的飞行数据进行分析，发现故障原因。大疆创新数据记录模块外形如图 2-13 所示。

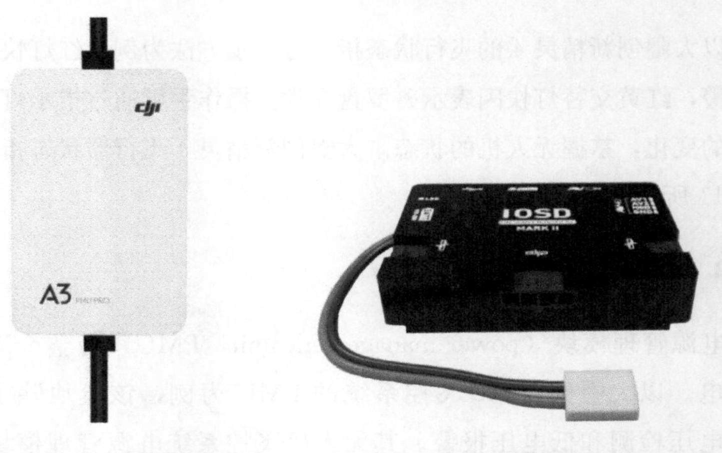

图 2-12　大疆创新无人机飞控系统电源管理模块外形

图 2-13　大疆创新数据记录模块外形

2.2.8　组合导航系统

组合导航系统是指用GNSS、磁罗盘、气压高度计等系统中的一个或几个与惯性测量单元组合在一起而形成的综合导航系统。大多数组合导航系统以惯性导航系统为主，其原因主要是由于惯性导航系统不仅能够提供比较多的导航参数，还能够提供全姿态信息参数，这是其他导航系统所不能比拟的。但惯性测量单元存在累计误差的问题，如无人机在关闭GNSS的情况下能够正常飞行但会一直飘移，这是因为它无法把自己确定在一个确定的点，在没有明确目标时无人机只能在保障自身平衡的情况下不断进行飘移，而如果在惯性测量单元加上GNSS，无人机就能够明确自己所处的位置，一旦无人机偏离该位置，主控会发出控制指令，要求其回到当前的地理位置。

高度控制也是同样的道理。惯性测量单元可以测量加速度，却无法测量无人机所处的具体高度；GNSS可以测量无人机的高度但存在一定的误差，因此在惯性测量单元之外再加入气压计，直接对气压进行测量。这样系统获得的高度数值就拥有了两个来源，但总体应以气压计提供的数值为准。

方位测量原理相同。惯性测量单元的陀螺可以测量角度以及角速度，但是其角度测量会随通电时间的增加而不断产生漂移。而磁罗盘能够根据地球磁场进行无人机角度的确定，从而能够对惯性测量单元的角度进行矫正，因为磁罗盘是对地球磁场直接进行测量，而地球磁场是相对固定的。飞控系统的数据融合如图2-14所示。

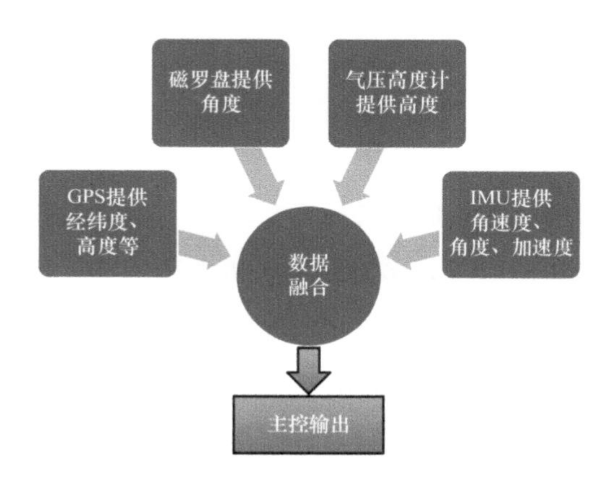

图2-14　飞控系统的数据融合

2.3 动 力 系 统

多旋翼无人机的动力系统由螺旋桨、电动机、电子调速器、电池、充电器（地面设备）等共同构成。螺旋桨是最终产生升力的部分，由电动机进行驱动，无人机最终是由螺旋桨的旋转获得升力并进行飞行。在多旋翼无人机中，螺旋桨与电动机进行直接固定，螺旋桨的转速等同于电动机的转速。电动机必须在电子调速器（控制器）的控制下进行工作，它是能量转换的设备，将电能转换为机械能并最终获得升力。电子调速器由电池进行供电，能够将直流电转换为电动机需要的三相交流电，并且对电动机进行调速控制，调速的信号来源于主控。电池是整个系统的电力储备部分，负责为整个系统进行供电。而充电器则是地面设备，负责给电池供电。动力系统组成示意图如图 2-15 所示，动力系统介绍可扫描图2-16所示的二维码观看。

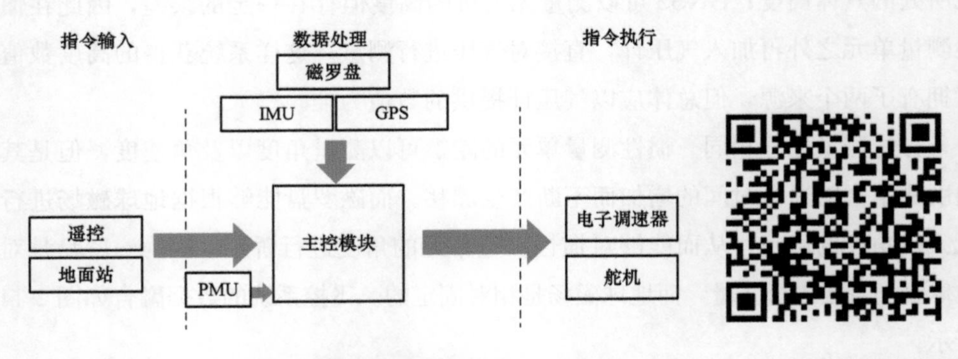

图 2-15　动力系统组成示意图　　图 2-16　动力系统介绍

2.3.1　电动机

动力系统的电动机选用的是无刷直流电动机，无刷直流电动机简称无刷电机(brushless DC motor，BLDC)，多旋翼无人机常用的是三相无刷外转子电动机。无刷电机是随着半导体电子技术发展而出现的新型机电一体化电动机，是现代电子技术、控制理论和电机技术相结合的产物。

不同于普通的有刷直流电动机利用电枢绕组旋转换向，无刷电机是利用电子换向并磁钢旋转的电动机。普通的直流电动机是利用电刷进行换向，电刷换向存在很大的缺点，主要包括：①机械换向产生的火花引起换向器和电刷摩擦，电磁干扰、噪声大、寿命短；②结构复杂、可靠性差、故障多，需要经常维护；③由于换向器限制了转子惯量的进一步下降，影响了动态性能。三相无刷电机运转原理示意如图 2-17 所示。

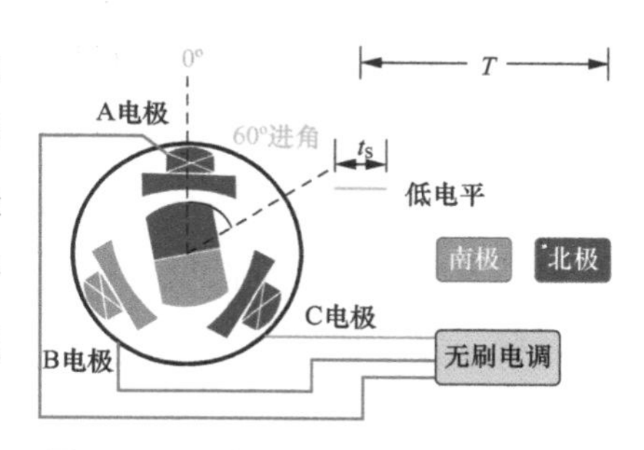

图 2-17　三相无刷电机运转原理示意

无刷直流电动机的命名说明了该电动机的特性，在电动机性能上和直流电动机性能相近，但没有电刷。多旋翼选用的三相外转子无刷电机具有以下特点：

（1）效率高，效率可达 80%～92%。

（2）寿命长，因为没有了电刷，其寿命大大提高。

（3）功率密度大，大部分电动机的拉力基本可达到机身重力的 10～20 倍。

（4）可靠性高，基本无需维护。

1. 构成

无刷电机总体由转子与定子共同构成，转子是指电动机中旋转的部分，包括转轴、钕铁硼磁铁；定子主要由硅钢片、漆包线、轴承等构成。无刷电机的构成如图 2-18 所示。

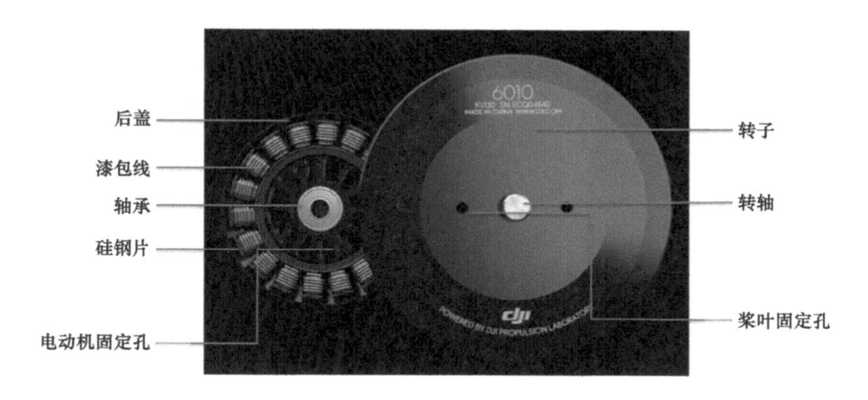

图 2-18　无刷电机的构成

2. 基本参数

（1）工作电压。无刷电机工作电压的使用范围较宽，但在限定了其负载设备的前提下，会给出其适合的工作电压。当整机系统电压高于额定工作电压时，电动机会处于超负荷状态，将有可能导致电动机过热乃至烧毁，因此无刷电机设有散热系统，无刷电机的散热系统如图 2-19 所示。当整机系统电压低于额定工作电压时，电动机会处于低负荷状态，电动机功率较低，将有可能无法保障整个无人机系统正常工作。

图 2-19　无刷电机的散热系统

（2）KV。KV 是指无刷电机工作电压每提升 1V 无刷电机所增加的转速。介绍以往直流电动机的性能时，通常会用其在 12V 时的转速举例说明。无刷电机引入了 KV 的概念，能够使我们了解到该电动机在不同的电压下所产生的空载转速（即没有负载）。

KV 与转速的关系为：

KV×电压＝空载转速（rad/min）

例如，某电动机的 KV 为 130，其最大工作电压为 50.4V，可知其最大空载转速为：

$$130\times50.4=6552\ (\mathrm{r/min})$$

（3）最大功率。最大功率是指电动机能够安全工作的最大功率，电动机的功率反应了其对外的输出能力，功率越大的电动机其输出能力也更强。功率的计算公式如下：

电压×电流＝功率（W）

例如某电动机的工作电压为 11.1V，其最大工作电流为 20A，可知其最大功率为：

$$11.1\times20=222\ (\mathrm{W})$$

无刷电机不可超过其最大功率使用，如果长期处在超过最大功率的情况下，电动机将会发热乃至烧毁。

（4）电机尺寸。多旋翼无人机采用的无刷电机多根据其内部定子直径和高度来定义电动机的尺寸，例如某无人机电机采用的是 6010 电动机，表示其电动机定子直径为 60mm，高度为 10mm。

（5）最大拉力。电动机在最大功率下所能产生的最大拉力也直接反应了电动机的功率水平。多旋翼无人机要求其所有电动机的总推力必须大于机身自重一定比例，才能保障无人机的飞行性能稳定和飞行安全，这个比例称为推重比，多旋翼的推重比都必须大于 1，常见的为 1.6～2.5，推重比反应了无人机动力冗余情况，过低的推重比会降低多旋翼无人机的飞行性能以及抗风性。在一定范围内推重比越低，说明电动机的工作强度越高，电动机工作效率会不断下降。

下面以某植保机［机身质量 22.5kg、单电动机最大推力（指可以推动的最大质量）5.1kg、八轴设计］为例进行多旋翼无人机推重比的计算，单电动机的最大推力为 5.1kg，又已知其为八轴设计，所以其总推力为：

$$5.1\times8=40.8\ (\mathrm{kg})$$

由以上可知此无人机的推重比（无人机最大推力除以机身质量）为：

40.8÷22.5(标准起飞质量)＝1.81(精确到小数点后两位)

所以，该无人机的推重比为 1.81。

2.3.2　电子调速器

电子调速器（electronic speed controller，ESC）简称电调，在整个飞行系统中，电调的作用主要是调节电动机转速和控制电动机运转。电调是动力系统的重要组成部分，动力系统选用的无刷电机必须通过无刷电调的驱动才能运转。电子调速器外形如图 2-20 所示。

图 2-20　电子调速器外形

1. 无刷电调的构成

无刷电调由输入部分电源线、电调主体、输出部分电源线、信号输入线、连接件等构成。无刷电调的基本构成如图 2-21 所示。

2. 无刷电调的主要参数

（1）使用电压。电调所能使用的电压区间，如某 40A 电调的使用电压区间为 2～6S（1S＝3.7V 标准电压），也就是说使用电压区间为 7.4～22.2V，S 是锂电池电压的一种表示方法。需要注意的是，电调的使用电压必须在指定范围内，否则将不能正常工作。

（2）持续工作电流。持续工作电流是电调可以持续工作的电流。使用时，若输入电流超过电调的持续电流，可能导致电调过热烧毁。若电调持续工作电流为20A，则该电调须工作在20A的电流以内。电调最大瞬间电流，指的是电调可以在短时间内承受高于额定电流一定范围的电流。某电调的使用参数示例如图2-22所示。

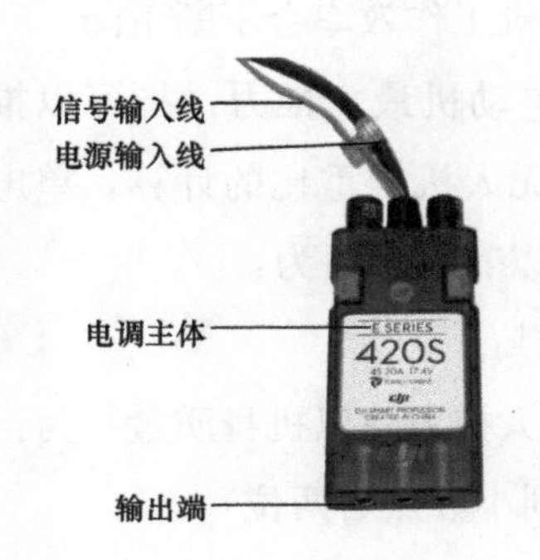

图2-21　无刷电调的基本构成

图2-22　某电调的使用参数示例

（3）无刷电调使用注意事项。

1）避免电调持续过热（温度70℃以上）。长时间高温使用，可能导致电调烧毁或故障。

2）必须保持良好散热，避免工作在密闭环境中。

3）如电调无防水功能设计，则必须保持干燥的工作环境，避免进水。

2.3.3　螺旋桨

螺旋桨将电动机的旋转功率转变为无人机的动力，是整个动力系统的最终执行部件。螺旋桨性能优劣对无人机飞行效率的高低有十分重要的影响，可直接影响无人机的续航时间。螺旋桨一般也简称为桨叶。

1. 主要参数

螺旋桨的主要参数包括直径、螺距，螺旋桨也是根据这两个因素进行命名的，例如某六旋翼无人机所用的21×7螺旋桨，即表示其直径为21英寸，螺距为7英寸。另外，螺旋桨的动平衡是否良好也是衡量其性能优劣的重要指标之一。

（1）直径。螺旋桨的直径单位主要包括英寸（in）以及厘米（cm），英寸更为常用，1in=2.54cm。由于无人机最先是由西方发展而来的，所以长度单位还遗留了之前的习惯。在同样的转速下，螺旋桨的长度越大其负载也越大，对电动机的功率要求也越大。

（2）螺距。螺距为螺旋桨在假设不可压缩的流体当中旋转一周所前进的距离，单位也是英寸。桨叶的角度越大，其螺距也就越大。一片螺旋桨尺寸标注为12×9，表示该桨叶直径为12in，螺距为9in，同时这片桨叶也会标注305×227，这里的单位是mm，表达的意义是一样的。在同样的转速下，螺旋桨的螺距越大其负载也越大，长度越大其负载也越大。

（3）正反桨。按照螺旋桨工作的旋转方向可将其分为正桨和反桨。从桨叶上方看逆时针旋转称之为正桨，正桨用CCW表示；而顺时针旋转螺旋桨则称之为反桨，反桨用CW表示。CCW桨叶与CW桨叶不可混用，一旦安装错误，将会导致无人机无法正常飞行。

普通的螺旋桨飞机从迎风面看其桨叶都是逆时针旋转，固定翼飞机的螺旋桨也是逆时针旋转。固定翼飞机的螺旋桨如图2-23所示

图2-23　固定翼飞机的螺旋桨

正桨与反桨的识别方法，关键是查看其迎风一侧的旋转方向，如果其迎风侧是向逆时针方向旋转则其为正桨，反之则为反桨。正桨与反桨的识别方法如图2-24所示。

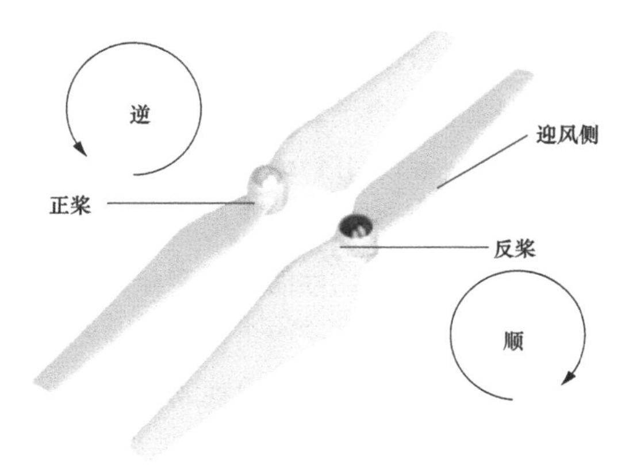

图2-24　正桨与反桨的识别方法

2. 螺旋桨的分类

（1）按材质分类。按材质进行划分，螺旋桨可为碳桨、木桨、塑料桨。塑料桨、碳桨和木桨如图 2-25 所示。

1）碳纤维螺旋桨，简称碳桨，具有强度高、重量轻、寿命长等优点，但是其价格是最贵的。

2）木质螺旋桨，简称木桨，具有强度高、性能好、价格高等优点，主要应用于较大型无人机。

3）塑料螺旋桨，简称塑料桨，其性能一般，但是成本低廉，所以在小型多旋翼无人机得到了广泛应用。

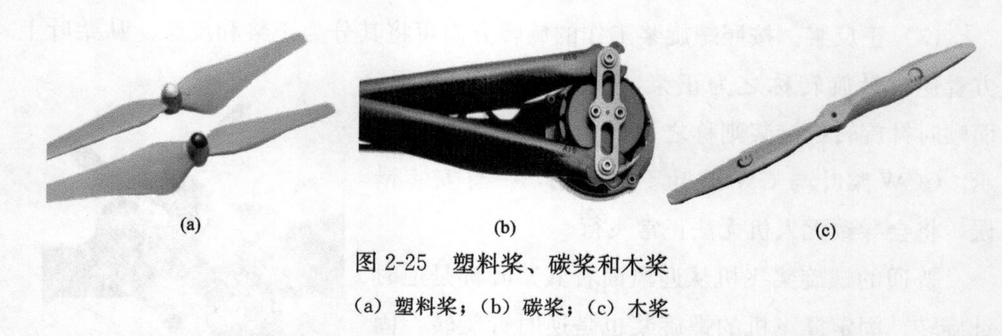

图 2-25　塑料桨、碳桨和木桨

（a）塑料桨；（b）碳桨；（c）木桨

（2）按螺旋桨的结构分类。按结构进行划分，螺旋桨可分为折叠桨与非折叠桨。非折叠桨的结构为整体一体成型，而折叠桨左右两侧的桨叶是分开的并可以进行折叠。折叠桨的设计主要是为了方便无人机的运输。

2.3.4　电池

电池是将化学能转化成电能的装置。在整个多旋翼无人机系统中，电池作为能源储备，为整个动力系统和其他电子设备提供电力。

锂聚合物电池（LI—polymer，LIPO）简称锂电池，是一种能量密度高、放电电流大的新型电池。同时，锂聚合物电池使用起来相对脆弱，对过充过放都极其敏感，在使用中应该熟练了解其使用性能。锂聚合物电池充电和放电过程就是锂离子的嵌入和脱嵌过程，充电时锂离子由负极脱离嵌入正极，而在放电时，锂离子脱离正极嵌入负极。一旦锂聚合物电池出现放电导致电压过低或者充电时充电电压过高，正负极的结构将会发生坍塌，导致锂聚合物电池受到不可逆的损伤。锂聚合物电池的内部结构示意图如图 2-26 所示。

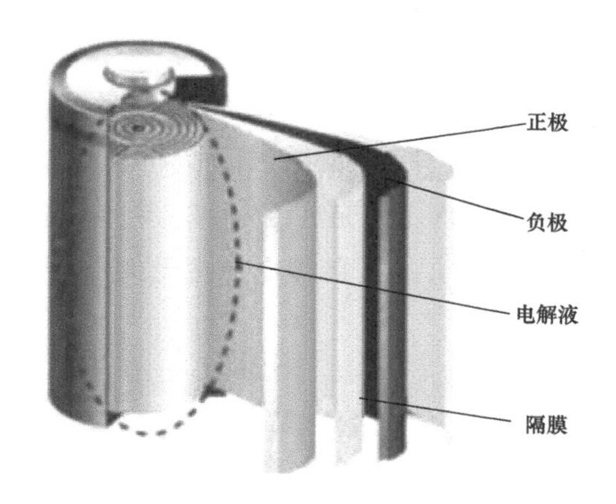

图 2-26 锂聚合物电池的内部结构示意图

随着无人机技术的发展，智能电池亦越来越多地出现在人们的视野中，部分无人机所使用的智能电池具备电量显示、寿命显示、电池存储自放电保护、平衡充电保护、过充电保护、充电温度保护、充电过流保护、过放电保护、短路保护、电芯损坏检测、电池历史记录、休眠保护、通信等功能。其中部分功能可以直接通过电池上的 LED 灯亮和灭的组合来确定电池的情况，部分电池功能则需要配合移动设备的应用程序（application，App）实现，App 上会实时显示剩余的电池电量，系统会自动分析并计算返航和降落所需的电量和时间，免除时刻担忧电量不足的困扰。智能电池会显示每块电芯的电压、总充放电次数以及整块电池的健康状态等。智能电池外形如图 2-27 所示。

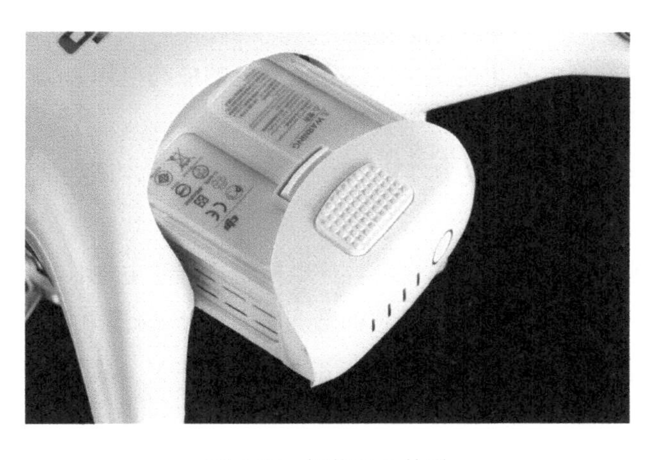

图 2-27 智能电池外形

随着电池技术的发展，出现了高压版锂电池，锂聚合物电池的截止电压由4.2V升至4.35V。高压版锂电池提升了电池能量密度。专业无人机厂家多采用高压版锂电池来提高无人机的飞行性能。以某无人机采用的锂电池为例，此电池为4S LIPO，典型电压为15.4V、满充电压为17.6V。高压版锂电池将会应用在越来越多的无人机动力系统中，高压版锂电池在无人机系统中的应用如图2-28所示。

图2-28 高压版锂电池在无人机系统中的应用

1. 主要参数

（1）锂电池的放电截止电压（电芯安全放电的最低电压）为2.75V，若电池电压低于此数值，将对其性能产生损伤。

（2）锂电池的充电截止电压（电芯安全充电的最高电压）为4.20V，若电池电压高于此数值，将对其性能产生损伤。

（3）锂电池的标准电压为3.7V（电芯的标准电压），该数值是计算总电压时所使用的参数。

（4）锂电池的储存电压为3.85V，该电压是适合于电池长期储存的电压。

（5）*S*数。*S*数是电池串联电芯的数量，如12S的锂电池指的是串联了12块电芯的锂电池。锂电池的单片电池标准电压为3.7V，故其电压为3.7×12＝44.4（V）。锂电池的串联示意如图2-29所示。

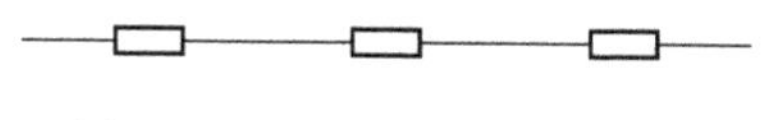

图 2-29　锂电池的串联示意图

（6）P 数。P 数是指电池并联支路的数量。如 3S 2P 的锂电池指的是该电池由 6 块电池通过串联、并联而构成的。锂电池的串并联示意如图 2-30 所示。

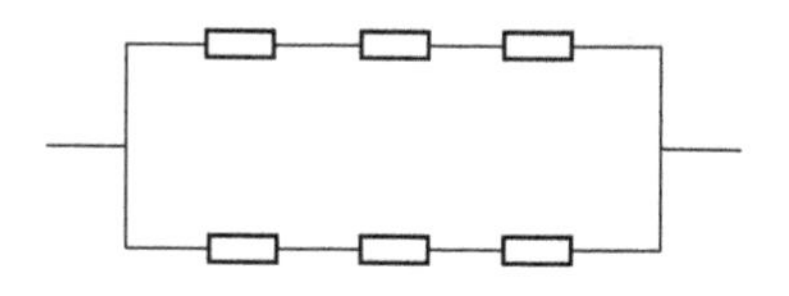

图 2-30　锂电池的串并联示意图

（7）放电倍率/C 数。锂电池的放电倍率用 C 数来表示，其数字大小决定了电池的最大放电电流的大小。最大放电电流计算公式为：最大放电电流＝容量×放电倍率。

以容量为 12000mAh、放电倍率为 20 的锂电池为例进行计算，其最大放电电流为：12000mAh×20＝240000mA＝240A。

电池的 C 数和内阻相关联，随着电池使用次数的增加，内阻逐渐增加，因此放电倍率逐渐减小。某锂电池的放电曲线图如图 2-31 所示。

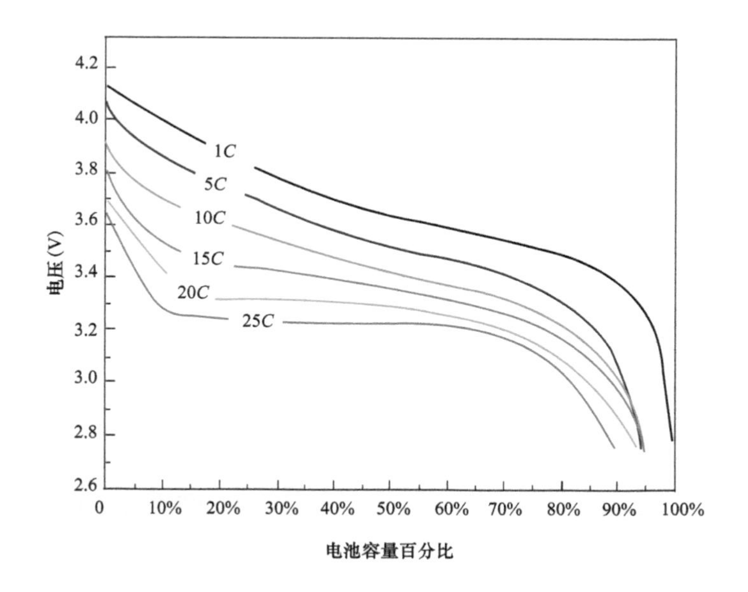

图 2-31　某锂电池的放电曲线图

由图 2-31 可以得出以下结论：①放电倍率越大，电池放电电压下降得越快；放电倍率越小，则反之。②放电倍率越大，放出的电量越少。③电压低于 3.0V 之后，电池电量将迅速耗尽。

图 2-32　某锂电池标识示例

（8）容量。电池的容量单位为 mAh 或 Ah，该单位是指电池以某个电流持续放电 1h。如容量为 2000mAh 的锂电池表示该电池能够以 2000mA 的电流放电 1h。某锂电池标识示例如图 2-32 所示。

如某款锂电池的标识为：12S 12000mAh 20C LOPO，那么其电池电压为：12×3.7＝44.4（V）；容量为 12000mAh，因为 1000mA＝1A，所以这块电池的容量也可以记为 12Ah；最大放电电流：12×20＝240（A）。

（9）电量。容量的表示方法只注重电流参数，没有增加电压参数，而电量的表示方法则将两者进行了综合，我们以图 2-30 的 22.2V、12000mAh 来计算其电量，计算方式为：电压×电流＝电量（单位为 Wh）。

则电池的电量为：22.2V×12000mAh＝266.4Wh。

图 2-30 标注的电池电量为 266Wh，一度电为 1kWh，所以 266.4Wh 其实可以理解为电池的容量约为 0.27 度。

2. 使用注意事项

锂聚合物电池放电原理是锂离子以电解液为介质在正负极之间运动，从而实现电池的充放电。因此，必须严格按照正确的方法进行使用，否则电池容易产生鼓包膨胀等不可逆的损伤。发生鼓包的锂聚合物电池如图 2-33 所示。

图 2-33　发生鼓包的锂聚合物电池

（1）应避免锂聚合物电池过充与过放。电池的放电截止电压不能低于2.75V，而充电截止电压不可高于4.20V。

（2）应避免锂聚合物电池长时间满电（单片电芯4.2V）存放。在电池充满电的情况下，应在一周内使用。

（3）长时间存放锂聚合物电池，建议存放温度为0～25°C。电压保持在3.85V，每月对电池进行一次完整的充放电，以保持电池的活性。

2.3.5 充电器

充电器是为动力锂聚合物电池进行平衡充电的设备，区别于一般电池（如镍氢、镍镉电池）仅串充的充电方式，锂聚合物电池充电器都需对电池进行平衡充电，锂聚合物电池的平衡头就是专门进行平衡充电的接口。锂聚合物电池因为其对过放的敏感性，一旦在使用中锂聚合物电池各片电芯电压不平衡，就可能发生低电压电芯过放的风险。平衡充电器及其电池的平衡充电头外形如图2-34所示。

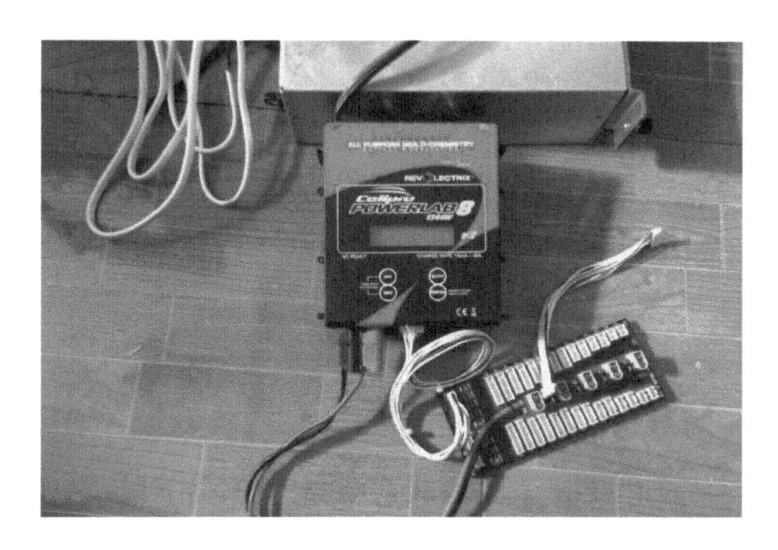

图2-34 平衡充电器及其电池的平衡充电头外形

充电器的主要参数如下：

（1）输入电压。完整的锂聚合物电池平衡充电器内部至少应含有交流转直流并降压电路和平衡充电电路两部分。对完整的平衡充电器，其输入电压往往是市电交流 220V 或交流 110V。

(2) 充电输出功率。充电输出功率的计算方式应为：

输出功率＝输出电压×输出电流

如某充电器的输出电压为 50.4V、输出电流为 24A，则单路输出功率为：

50.4V×24A＝1209.6W

(3) 充电输出电流。充电时由充电器输出到充电电池的电流，动力锂聚合物电池常用的充电倍率为 1C，例如一款电池容量为 2200mAh，其 1C 充电电流为：

2200mAh×1C＝2200mA

则其 1C 充电电流为 2.2A。

(4) 放电电流。锂电池平衡充电器普遍拥有放电功能，放电电流是指充电器进行放电的电流。

(5) 充电方式。锂电池充电方式主要为串充＋平衡充，少量为全程平衡充。串充是指忽视每片电芯的细微差别直接进行大电流充电，如对一块 3S 电池进行充电，直接以 12.6V 电压进行充电，这种充电方式可以快速地进行充电。而平衡充电是指对每片电芯进行单独充电，直至其单片电压达到 4.2V。

大部分智能充电器的充电方式是首先用串充完成 95％的充电，然后再用平衡充电的方式完成最后 5％的充电。

(6) 充电效率。电流由交流转换到直流的过程中会产生损耗，而直流在进行降压或者升压过程中也会产生损耗，充电效率的计算方式为：

充电效率＝输出功率÷输入功率

2.4 通信链路系统

通信链路系统主要用于多旋翼无人机系统传输控制和载荷通信，是无人机与地面操纵人员之间沟通的桥梁，通信链路的主要构成包括地面端与天空端。地面端需要将控制信号以及任务指令发到无人机（天空端），无人机则需将无人机的状态以及任务设备的状态发送到地面端。

以往的遥控航模无人机，地面与空中的通信往往是单向的，即地面进行信号发射，而空中进行信号接收并完成相应的动作，地面的部分被称为发射机，空中的部分被称为接收机，所以这一类无人机的通信链路只有一条。而多旋翼无人机不仅要求地面操作人员能控制无人机，还需要了解无人机的飞行状态以及无人机任务设备的状态，这就要求地面端能够接收多旋翼一端的数据，这就是常见的第二条数据链路。同时无人机系统会回传机载摄像头拍摄的实时图像画面，方便操作手更便捷地了解此时无人机的朝向并进行拍摄构图、记录使用，这形成了第三条链路。

多旋翼无人机通信链路分为以下三种：

（1）控制通信链路。地面设备发射控制信号，天空端接收信号。

（2）图像通信链路。无人机回传任务设备获取的图像信息。

（3）数据通信链路。无人机发送数据，地面端接收数据。该通信链路反馈无人机的飞行状态以及无人机任务设备的状态数据。

多旋翼无人机常见的三条通信链路示意图如图 2-35 所示，通信链路介绍可扫描图 2-36 的二维码观看。

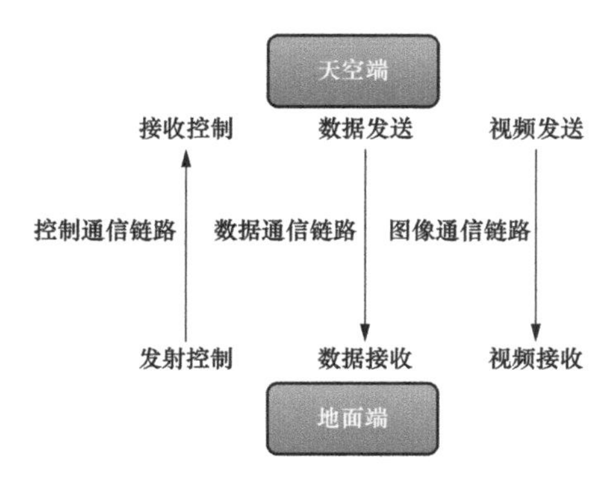

图 2-35　多旋翼无人机常见的三条通信链路示意图

图 2-36　通信链路介绍

2.4.1　控制通信链路设备

遥控器与接收机共同构成控制通信链路。遥控器也被称为发射机，负责将操作手的操作动作转换为控制信号并发射。接收机负责接收遥控信号。控制通信链路设备如图 2-37 所示。

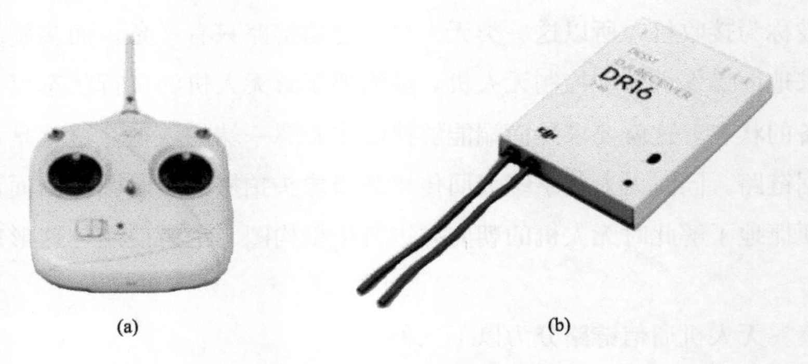

(a) (b)

图 2-37 控制通信链路设备

(a) 遥控器；(b) 接收机

遥控器的信号是以天线为中心进行全向发射，在使用时一定要展开天线并保持正确的角度，以获得良好的控制距离和效果。由于垂直方向遥控信号接收较差，在使用非棒状天线的遥控发射器时，切勿将天线垂直对向无人机。平板天线使用方式如图 2-38 所示。

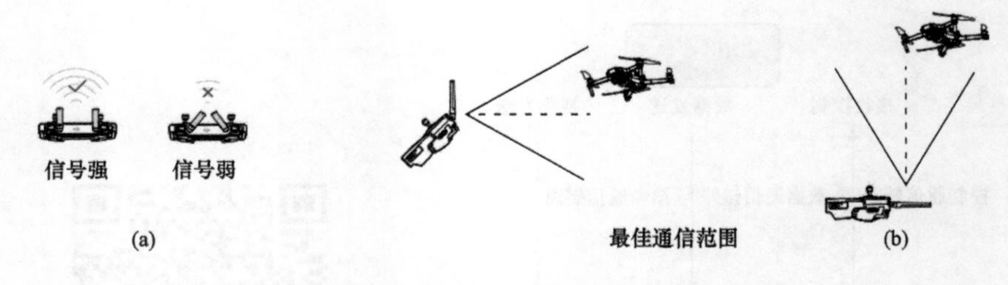

(a) (b)

图 2-38 平板天线使用方式

(a) 天线角度对信号影响；(b) 天线对无人机方向

同厂家同系列产品的遥控器与接收机是可以互相连通的，这个连通的过程就是对频。对频是指将发射机与接收机进行通信对接，在对频之后该接收机即可接收该发射机发射的遥控信号。不同生产厂家的对频方法不同。大疆创新精灵系列对频教学视频可扫描图 2-39 的二维码进行观看。

2.4.2 图像通信链路设备

图像通信链路设备是将无人机所拍摄到的视频传送到地面的设备。常用图像通信链路设备如图 2-40 所示。

图 2-39　大疆精灵系列对频教学视频

2.4.3　数据通信链路设备

1. 电台通信链路设备

数传电台又可称为无线数传电台、无线数传模块，是实现数据传输的模块。大疆创新 Datalink Pro 数传电台如图 2-41 所示。

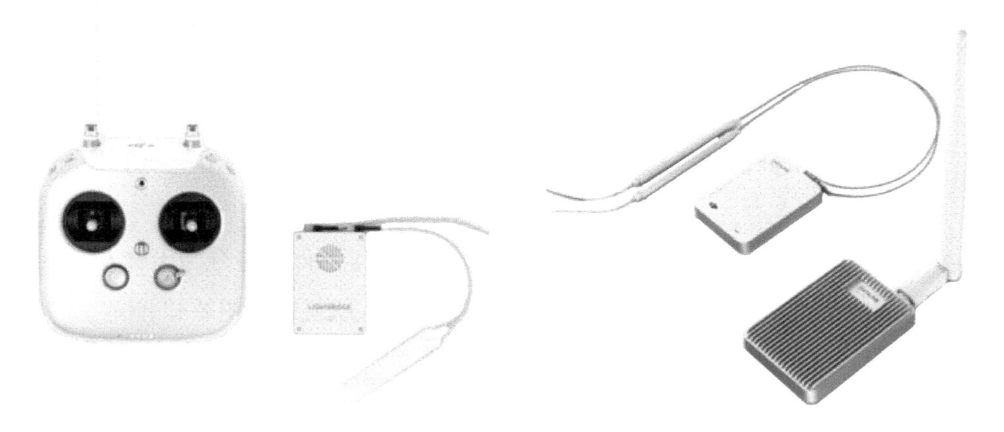

图 2-40　常用图像通信链路设备　　　　图 2-41　大疆创新 Datalink Pro 数传电台

2. 地面站通信链路设备

地面站（ground station）也称为任务规划与控制站。任务规划主要是指在飞行过程中无人机的飞行航迹受到飞行计划指引；控制是指在飞行过程中对整个无人机系统的各个模块进行控制，按照操作手预设的要求执行相应的动作。地面站系统应具有以下几个典型的功能。

（1）姿态控制。地面站在传感器获得相应的无人机飞行状态信息后，通过数据链路将数据信息传输到地面站。计算机处理信息，解算出控制要求，形成控制指令和控制参数，再通过数据链路将控制指令和控制参数传输到无人机上的飞控单元，实现对无人机的操控。

（2）有效载荷的显示和控制。有效载荷是无人机任务的执行单元。地面站根据任务要求实现对有效载荷的控制，如拍照、录像、投放物资等，并通过对有效载荷状态的显示来监管任务执行情况。

（3）任务规划。任务规划主要包括研究任务区域地图、标定飞行路线及向操作员提供规划数据等，方便操作手实时监控无人机状态。

（4）导航和目标定位。在遇到特殊情况时，需要地面站对无人机进行实时导航控制，使无人机按照安全的路线飞行。

2.5 其他重要组成部分

本节我们主要介绍多旋翼无人机的机身系统、任务设备。

2.5.1 机身系统

多旋翼无人机的机身简称机架。多旋翼无人机所有的设备都由机架承载。

1. 机架的组成

（1）机臂。机臂是无人机主体与电动机机座的连接部件，可分为大臂和小臂。多旋翼无人机的轴数越多，其机臂也越多。多旋翼无人机机臂如图 2-42 所示。

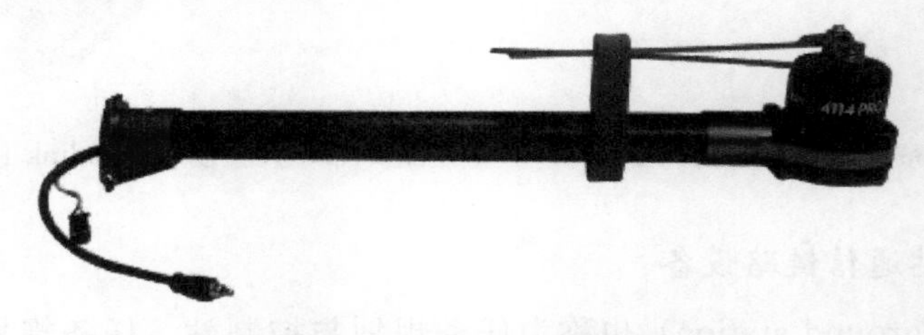

图 2-42　多旋翼无人机机臂

（2）电机座。电动机机座简称电机座，是固定电动机的结构，每个多旋翼无人机的机臂末端都会有相应的电机座。多旋翼无人机电机座如图 2-43 所示。

（3）主机身。主机身是多旋翼无人机所有机臂安装的初始位置，也是飞控设备等其他电子设备的安装位置。多旋翼无人机主机身如图 2-44 所示。

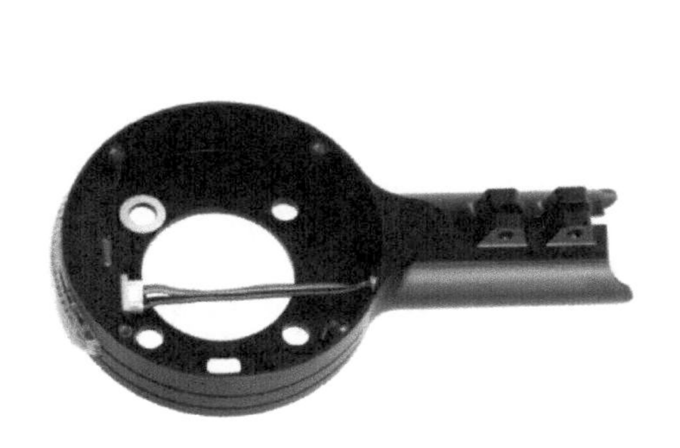

图 2-43　多旋翼无人机电机座

图 2-44　多旋翼无人机主机身

（4）脚架。多旋翼无人机脚架的主要作用是支撑机身，提高桨叶离地距离，便于无人机起降，并吸收无人机在着陆时的撞击能量。

2. 机架的参数

（1）质量。在保证机身坚固性的前提下，机架的质量以轻质化为目标。轻质不仅可以降低机身负载，也可以提升无人机的续航时间。

（2）轴距。轴距是指多旋翼无人机对角线两个等级轴心中心的距离，一般单位为 mm，用于描述机架的大小。

以大疆创新产品为例，其中大疆风火轮 F450 的轴距是 450mm；大疆植保机 MG-1 的轴距是 1520mm。

3. 机身材料

多旋翼无人机的机身材料主要包括碳纤维、玻璃纤维、铝合金、塑料、轻木。塑料机架如图 2-45 所示。

2.5.2　任务设备

无人机根据任务的不同可以搭载不同的设备进行作业。

图 2-45 塑料机架

常用的无人机任务设备有航拍设备、农药喷洒设备、无人机测绘设备等。

1. 航拍设备

航拍设备主要由云台和相机共同构成。

云台是相机的辅助设备，是安装、固定摄像机的支撑设备，其作用包括隔绝机身振动以提高成像质量；降低由于机身运动幅度过大而造成的画面抖动，保证成像质量。大疆创新精灵 4 相机云台设备、大疆创新 Z15-5D 云台设备分别如图 2-46 和图 2-47 所示。

图 2-46 大疆创新精灵 4 相机云台设备

2-47 大疆创新 Z15-5D 云台设备

2. 农药喷洒设备

常见的农药喷洒设备由药箱、水泵、水管、喷头构成。药箱是盛装药水的容器设备，安装在某些无人机的水箱上，其同时还承担电池安装位的作用。水泵是负责将药液由药箱传达至喷头并产生压力的装置，而喷头则由于水泵产生的内部压力及其内部的细孔而产生喷雾，最终实现喷雾功能。植保机喷洒农药如图 2-48 所示。

图 2-48　植保机喷洒农药

3. 无人机测绘设备

测绘设备是在工程建设中规划设计、施工及经营管理阶段进行测量工作所需要的摄影测量等方面的设备。相比航拍相机，测绘设备能让用户从多个角度观察地物，更加真实地反映地物的实际情况，极大地弥补了基于正射影像应用的不足。拍摄的图像可实现单张影像量测，通过配套软件的应用，可直接基于成果影像进行包括高度、长度、面积、角度、坡度等的量测。

倾斜摄影技术是国际测绘领域发展起来的一项高新技术，它颠覆了正射影像只能从垂直角度拍摄的局限，通过在同一飞行平台上搭载多台传感器，同时从一个垂直、四个倾斜等 5 个不同的角度采集影像，将用户引入了符合人眼视觉的直观世界。倾斜摄影五镜头相机如图 2-49 所示。

图 2-49　倾斜摄影五镜头相机

第3章 无人机运行管理

3.1 通用航空概述

国际上一般把航空业按照用途分为军用航空和民用航空两部分。

民用航空又分为公共航空运输和通用航空两部分。公共航空运输是指以航空器进行经营性的客货运输的航空活动；除公共航空运输之外，民用航空的其余部分统称为通用航空。航空的分类如图 3-1 所示。

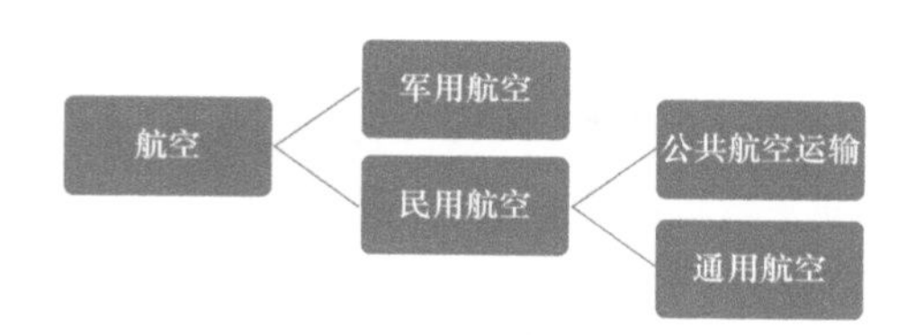

图 3-1　航空的分类

通用航空可以大致分为下列几类：

（1）工业航空。包括使用航空器进行工矿业有关的各种活动，具体的应用有航空摄影、航空遥感、航空物探、航空吊装、石油航空、航空环境监测等。在这些领域中利用航空的优势可以完成许多以前无法进行的工程，如海上采油，如果没有航空提供便利的交通和后勤服务，很难想象出现这样一个行业。其他如航空探矿、航空摄影，使传统的探矿、摄影进度加快了几十倍甚至上百倍。

（2）农业航空。包括为农、林、牧、渔各行业的航空服务活动。其中如森林防火、灭火、撒播农药等活动的优势是其他方式无法比拟的。

（3）航空科研和探险活动。包括新技术的验证、新无人机的试飞，以及利用航空器进行的气象天文观测和探险活动。

（4）飞行训练。指除培养空军驾驶员外培养各类飞行人员的学校和俱乐部的飞行活动。

（5）航空体育运动。用各类航空器开展的体育活动，如跳伞、滑翔机、热气球以及航空模型运动。

（6）公务航空。大企业和政府高级行政人员用单位自备的航空器进行公务活动。跨国公司的出现和企业规模的扩大使企业需要自备的公务无人机越来越多，使公务航空成为通用航空中一个独立的部门。

（7）私人航空。私人拥有航空器进行的航空活动。

3.2 无人机运行管理法规

3.2.1 总体管理要求

2018年中国民用航空局发布的《无人驾驶航空器飞行管理暂行条例（征求意见稿）》部分摘要如下：

第八条 无人机分为国家无人机和民用无人机。民用无人机，指用于民用航空活动的无人机；国家无人机，指用于民用航空活动之外的无人机，包括用于执行军事、海关、警察等飞行任务的无人机。

根据运行风险大小，民用无人机分为微型、轻型、小型、中型、大型。其中：

微型无人机，是指空机重量小于0.25千克，设计性能同时满足飞行真高不超过50米、最大飞行速度不超过40千米/小时、无线电发射设备符合微功率短距离无线电发射设备技术要求的遥控驾驶航空器。

轻型无人机，是指同时满足空机重量不超过4千克，最大起飞重量不超过7千克，最大飞行速度不超过100千米/小时，具备符合空域管理要求的空域保持能力和可靠被监视能力的遥控驾驶航空器，但不包括微型无人机。

小型无人机，是指空机重量不超过15千克或者最大起飞重量不超过25千克的无人机，但不包括微型、轻型无人机。

中型无人机，是指最大起飞重量超过25千克不超过150千克，且空机重量超过15千克的无人机。

大型无人机，是指最大起飞重量超过150千克的无人机。

第十一条 民用无人机登记管理包括实名注册登记、国籍登记。

除微型无人机以外的民用无人机应当向民用航空管理机构实名注册登记，根据有关规则进行国籍登记。

登记管理相关信息，民用航空管理机构应当与军民航空管、公安、工业和信息化等部门共享。

民用无人机登记信息发生变化时，其所有人应当及时变更；发生遗失、被盗、报废时，应当及时申请注销。

第十二条 使用民用无人机从事商业活动应当取得经营许可。

第十三条 民用无人机应当具有唯一身份标识编码；除微型无人机以外的民用无人机飞行，应当按照要求自动报送身份标识编码或者其他身份标识。

第二十条 轻型无人机驾驶员应当年满14周岁，未满14周岁应当有成年人现场监护；小型无人机驾驶员应当年满16周岁；中型、大型无人机驾驶员应当年满18周岁。

第二十二条 操控微型无人机的人员需掌握运行守法要求。

驾驶轻型无人机在相应适飞空域飞行，需掌握运行守法要求和风险警示，熟悉操作说明；超出适飞空域飞行，需参加安全操作培训的理论培训部分，并通过考试取得理论培训合格证。

独立操作的小型、中型、大型无人机，其驾驶员应当取得安全操作执照。

分布式操作的无人机系统或者集群，其操作者个人无需取得安全操作执照，组织飞行活动的单位或者个人以及管理体系应当接受安全审查并取得安全操作合格证。

第二十八条 划设以下空域为轻型无人机管控空域：

（一）真高120米以上空域；

（二）空中禁区以及周边5000米范围；

（三）空中危险区以及周边2000米范围；

（四）军用机场净空保护区，民用机场障碍物限制面水平投影范围的上方；

（五）有人驾驶航空器临时起降点以及周边2000米范围的上方；

（六）国界线到我方一侧5000米范围的上方，边境线到我方一侧2000米范围的上方；

（七）军事禁区以及周边1000米范围的上方，军事管理区、设区的市级（含）以上党政机关、核电站、监管场所以及周边200米范围的上方；

（八）射电天文台以及周边5000米范围的上方，卫星地面站（含测控、测距、接收、导航站）等需要电磁环境特殊保护的设施以及周边2000米范围的上方，气象雷达站以及周边1000米范围的上方；

（九）生产、储存易燃易爆危险品的大型企业和储备可燃重要物资的大型仓库、基地以及周边150米范围的上方，发电厂、变电站、加油站和中大型车站、码头、港口、大型活动现场以及周边100米范围的上方，高速铁路以及两侧200米范围的上方，普通铁路和国道以及两侧100米范围的上方；

（十）军航低空、超低空飞行空域；

（十一）省级人民政府会同战区确定的管控空域。

未经批准，轻型无人机禁止在上述管控空域飞行。管控空域外，无特殊情况均划设为轻型无人机适飞空域。

植保无人机适飞空域，位于轻型无人机适飞空域内，真高不超过30米，且在农林牧区域的上方。

第四十四条 无人机飞行应当避让有人驾驶航空器飞行。轻型、植保无人机通常在相应适飞空域飞行，并主动避让有人驾驶航空器、国家无人机和小型、中型、大型无人机飞行；微型无人机飞行，应当保持直接目视接触，主动避让其他航空器飞行。

除执行特殊任务的国家无人机外，夜间飞行的无人机应当开启警示灯并确保处于良好状态。

未经飞行管制部门批准，禁止轻型无人机在适飞空域从事货物运输，禁止在移动的车辆、船舶、航空器上（内）驾驶除微型无人机以外的无人机。

第五十一条 未按照规定进行民用无人机实名注册登记从事飞行活动的，由军民航空管部门责令停止飞行。民用航空管理机构对从事轻型、小型无人机飞行活动的单位或者个人处以2千元以上2万元以下罚款，对从事中型、大型无人机飞行活动的单位或者个人处以5千元以上10万元以下罚款。

第五十三条 未满14周岁且无成年人现场监护而驾驶轻型无人机飞行的，由民用航空管理机构处以200元以上500元以下罚款。

未按照规定取得民用无人机驾驶员合格证或者执照驾驶民用无人机的，由民用航空管理机构处以5千元以上10万元以下罚款。超出合格证或者执照载明范围驾驶无人机的，由民用航空管理机构暂扣合格证或者执照6个月以上1年以下，并处以3万元以上20万元以下罚款。

第五十八条 本条例下列用语的含义：

植保无人机，是指设计性能同时满足飞行真高不超过30米、最大飞行速度不超过50千米/小时、最大飞行半径不超过2000米、最大起飞重量不超过150千克，具备可靠被监视能力和空域保持能力，专门用于农林牧植保作业的遥控驾驶航空器。

3.2.2 无人机的分类管理及名词解释

2018 年 8 月 31 日，中国民用航空局飞行标准司发布《民用无人机驾驶员管理规定》，部分摘要如下（仅摘录本书可能涉及的条款，非全部内容）：

1. 适用范围

本咨询通告用于民用无人机系统驾驶人员的资质管理。其涵盖范围包括：

(1) 无机载驾驶人员的无人机系统。

(2) 有机载驾驶人员的航空器，但该航空器可同时由外部的无人机驾驶员实施完全飞行控制。

2. 无人机分类等级

分类等级	空机质量（千克）	起飞全重（千克）
Ⅰ	0<W≤0.25	
Ⅱ	0.25<W≤4	1.5<W≤7
Ⅲ	4<W≤15	7<W≤25
Ⅳ	15<W≤116	25<W≤150
Ⅴ	植保类无人机	
Ⅺ	116<W≤5700	150<W≤5700
Ⅻ	W>5700	

3. 定义

本咨询通告使用的术语定义：

(1) 无人机（UA：Unmanned Aircraft），是由控制站管理（包括远程操纵或自主飞行）的航空器。

(2) 无人机系统（UAS：Unmanned Aircraft System），是指无人机以及与其相关的遥控站（台）、任务载荷和控制链路等组成的系统。

(3) 无人机系统驾驶员，对无人机的运行负有必不可少职责并在飞行期间适时操纵无人机的人。

(4) 等级，是指填在执照上或与执照有关并成为执照一部分的授权，说明关于此种执照的特殊条件、权利或限制。

(5) 类别等级，指根据无人机产生气动力及不同运动状态依靠的不同部件或方式，将无人机进行划分并成为执照一部分的授权，说明关于此种执照的特殊条件、权利或限制。

(8) 多旋翼，是指一种重于空气的无人机，其飞行升力主要由三个及以上动力驱动的旋翼产生，其运动状态改变的操纵一般通过改变旋翼转速来实现。在本规定中作为类别等级中的一种。

(15) 授权教员，是指持有按本规定颁发的具有教员等级的无人机驾驶员执照，并依据其教员等级上规定的权利和限制执行教学的人员。

(16) 无人机系统的机长，是指由运营人指派在系统运行时间内负责整个无人机系统运行和安全的驾驶员。

(17) 无人机观测员，由运营人指定的训练有素的人员，通过目视观测无人机，协助无人机驾驶员安全实施飞行，通常由运营人管理，无证照要求。

(18) 运营人，是指从事或拟从事航空器运营的个人、组织或企业。

(19) 控制站（也称遥控站、地面站），无人机系统的组成部分，包括用于操纵无人机的设备。

(20) 指令与控制数据链路（C2：Command and Control Data Link），是指无人机和控制站之间为飞行管理之目的的数据链接。

(21) 感知与避让，是指看见、察觉或发现交通冲突或其他危险并采取适当行动的能力。

(22) 无人机感知与避让系统，是指无人机机载安装的一种设备，用以确保无人机与其他航空器保持一定的安全飞行间隔，相当于载人航空器的防撞系统。在融合空域中运行的Ⅺ、Ⅻ类无人机应安装此种系统。

(23) 融合空域，是指有其他有人驾驶航空器同时运行的空域。

(24) 隔离空域，是指专门分配给无人机系统运行的空域，通过限制其他航空器的进入以规避碰撞风险。

(25) 人口稠密区，是指城镇、乡村、繁忙道路或大型露天集会场所等区域。

(26) 空机重量，是指不包含载荷和燃料的无人机重量，该重量包含燃料容器和电池等固体装置。

(27) 飞行经历时间，是指为符合民用无人机驾驶员的训练和飞行时间要求，操纵无人机或在模拟机上所获得的飞行时间，这些时间应当是作为操纵无人机系统必需成员的时间，或从授权教员处接受训练或作为授权教员提供教学的时间。

(28) 飞行经历记录本，是指记录飞行经历时间和相关信息的证明材料，包括纸质飞行经历记录本和由无人机云交换系统支持的电子飞行经历记录本。

(29) 训练记录，是指为获取执照或等级而接受相关训练的证明材料，包括纸质训练记录和由无人机云交换系统支持的电子化训练记录。

(30) 理论考试，是指航空知识理论方面的考试，该考试是颁发民用无人机驾驶员执照或等级所要求的，可以通过笔试或者计算机考试来实施。

(31) 实践考试，是指为取得民用无人机驾驶员执照或者等级进行的操作方面的考试(包括实践飞行、综合问答、地面站操作)，该考试通过申请人在飞行中演示操作动作及回答问题的方式进行。

(32) 申请人，是指申请无人机驾驶员执照或等级的自然人。

(33) 无人机云系统（简称无人机云)，是指轻小民用无人机运行动态数据库系统，用于向无人机用户提供航行服务、气象服务等，对民用无人机运行数据（包括运营信息、位置、高度和速度等）进行实时监测。

(34) 无人机云交换系统（无人机云数据交换平台)：是指由民航局运行，能为多个无人机云系统提供实时数据交换和共享的实时动态数据库系统。

(35) 分布式操作，是指把无人机系统操作分解为多个子业务，部署在多个站点或者终端进行协同操作的模式，不要求个人具备对无人机系统的完全操作能力。

3.2.3 商业经营

中国民用航空局运输司2018年发布《民用无人驾驶航空器经营性飞行活动管理办法（暂行)》，部分摘要如下：

第一章　总则

第一条　为了规范使用民用无人驾驶航空器（以下简称无人驾驶航空器）从事经营性飞行活动，加强市场监管，促进无人驾驶航空器产业安全、有序、健康发展，依据《民航法》及无人驾驶航空器管理的有关规定，制定本办法。

第二条　本办法适用于在中华人民共和国境内（港澳台地区除外）使用最大空机重量为250克以上（含250克）的无人驾驶航空器开展航空喷洒（撒)、航空摄影、空中拍照、表演飞行等作业类和无人机驾驶员培训类的经营活动。

无人驾驶航空器开展载客类和载货类经营性飞行活动不适用本办法。

第三条　使用无人驾驶航空器开展本办法第二条所列的经营性飞行活动应当取得经营许可证，未取得经营许可证的，不得开展经营性飞行活动。

第四条　中国民用航空局（以下简称民航局）对无人驾驶航空器经营许可证实施统一监督管理。中国民用航空地区管理局（以下简称民航地区管理局）负责实施辖区内的无人驾驶航空器经营许可证颁发及监管管理工作。

第二章　许可证申请条件及程序

第五条　取得无人驾驶航空器经营许可证，应当具备下列基本条件：

（一）从事经营活动的主体应当为企业法人，法定代表人为中国籍公民；

（二）企业应至少拥有一架无人驾驶航空器，且以该企业名称在中国民用航空局“民用无人驾驶航空器实名登记信息系统”中完成实名登记；

（三）具有行业主管部门或经其授权机构认可的培训能力（此款仅适用从事培训类经营活动）；

（四）投保无人驾驶航空器地面第三人责任险。

第六条 具有下列情形之一的，不予受理无人驾驶航空器经营许可证申请：

（一）申请人提供虚假材料被驳回，一年内再次申请的；

（二）申请人以欺骗、贿赂等不正当手段取得经营许可证后被撤销，三年内再次申请的；

（三）因严重失信行为被列入民航行业信用管理“黑名单”的企业；

（四）法律、法规规定不予受理的其他情形。

第七条 申请人应当通过“民用无人驾驶航空器经营许可证管理系统”（https://uas.ga.caac.gov.cn）在线申请无人驾驶航空器经营许可证，申请人须在线填报以下信息，并确保申请材料及信息真实、合法、有效：

（一）企业法人基本信息；

（二）无人驾驶航空器实名登记号；

（三）无人机驾驶员培训机构认证编号（此款仅适用于培训类经营活动）；

（四）投保地面第三人责任险承诺；

（五）企业拟开展的无人驾驶航空器经营项目。

3.3 无人机飞行区域管理

3.3.1 禁飞与限飞区规定

机场净空区是为保证无人机起飞着陆和复飞的安全，在机场周围划定的限制地貌、地物高度的空间区域。

2009年国务院办公厅发布《民用机场管理条例》（中华人民共和国国务院令第553号），根据我国《民用机场管理条例》的规定，禁止在民用机场净空保护区域内从事放飞影响飞行安全的鸟类，升放无人驾驶的自由气球、系留气球和其他升空物体；违反相关规定情节严重的，处2万元以上10万元以下的罚款。

2017 年 5 月 17 日，中国民用航空局（简称民航局）发布了《关于公布民用机场障碍物限制面保护范围的公告》。该公告整理并公布了大陆地区多个机场的限制面保护范围，并规定各类飞行活动应当遵守国家相关法律法规和民航规章，未经特殊批准不得进入限制面保护范围。民航局发布公告信息界面如图 3-2 所示。

图 3-2　民航局发布公告信息界面

3.3.2　地理围栏系统

除了机场净空区以外，众多无人机企业也纷纷在自己的无人机产品上进行了禁飞、限飞区域的规定。

地理围栏（Geo-fencing，GEO）系统是 DJI 独立研发的一个全球信息系统，致力于在法律法规允许的范围内为 DJI 用户提供实时空域信息，它不但可以通过提供飞行资讯、飞行时间和地点等信息协助制定最佳的飞行决策，还能通过实时更新飞行安全与飞行限制相关信息实现特殊区域飞行限制功能。但考虑到部分特殊飞行需求，如需要在限制区域内执行飞行任务，大疆创新地理围栏系统可以同时提供飞行区域解禁系统，飞行区域解禁系统会根据飞行区域的限制程度，采取相应的方式完成解禁申请。

1. 机场区域飞行限制说明（大陆地区）

大疆创新以中国民用航空局定义的机场保护范围坐标向外拓展 100m 形成禁

飞区。无人机无法在禁飞区内起飞，当无人机从外部接近禁飞区边界时，将自动减速并悬停。大疆创新在首都国际机场为其无人机产品划定的禁飞区如图 3-3 所示。

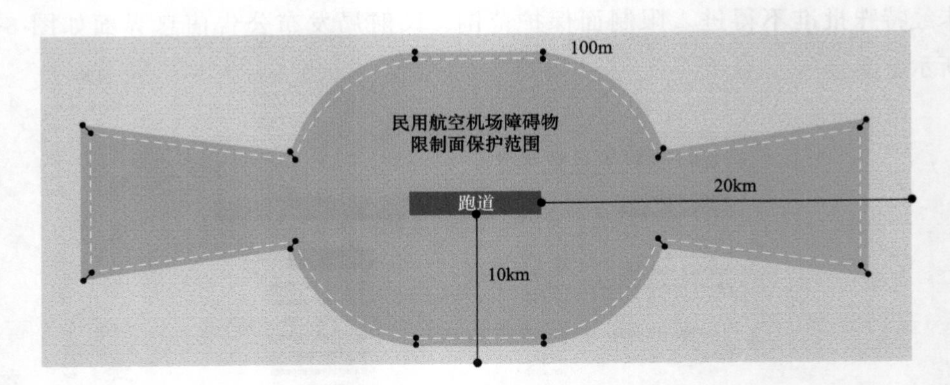

图 3-3　大疆创新在首都国际机场为其无人机产品划定的禁飞区

禁飞区范围：以跑道两端中点分别向外延伸 20km，跑道两侧向外各延伸 10km，形成大致为 20km 宽、40km 长的长方形区域为限飞区（与禁飞区不相交的部分）。在限飞区中，无人机的限制飞行高度为 120m。

2. 特殊区域飞行限制说明

特殊区域是指地理围栏系统通过技术动态覆盖的全球各类飞行受限制的区域。地理围栏系统通过应用程序 DJI GO 实时获取相关受限资讯，飞行受限区域包含但不限于机场限飞区域、突发情况（如森林火灾、大型活动等）造成的临时限飞区域以及一些永久禁止飞行的区域（如监狱、核电站等）。此外，在部分允许飞行的区域（例如野生保护区、人流密集的城镇等）也可能收到飞行警示。以上这些无法自由飞行的区域统称为限飞区，并且将其划分为警示区、加强警示区、授权区、限高区和禁飞区等限飞区域。

地理围栏系统介绍可扫描图 3-4 所示的二维码观看，地理围栏系统中以不同的颜色显示不同的区域。系统默认开启特殊区域飞行限制，在可能引起安全问题的区域内限制无人机起飞或飞行。DJI 官方网站上公布了全球已被飞行限制功能覆盖的特殊区域列表，详情可登录网站进行查阅，网址为：https://www.dji.com/flysafe/geo-map。

图 3-4　地理围栏系统介绍

不同的限飞区有不同的飞行限制，大疆创新限飞区图例如图 3-5 所示，各限飞区的说明如下：

警示区：飞行器在此区域飞行时，会收到警告提醒。

加强警示区：飞行器在此区域飞行时，会收到警告确认提醒，操作者需完成飞行行为的确认。

授权区：飞行器在获得解禁授权前，无法在此区域飞行，操作者在取得身份验证后可自主申请解禁授权。

限高区：飞行器在此区域飞行时，飞行高度将受到限制。

禁飞区：飞行器无法在此区域飞行。

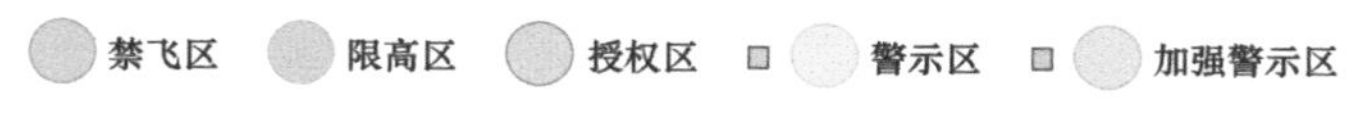

图 3-5　大疆限飞区图例

飞行警告如图 3-6 所示。

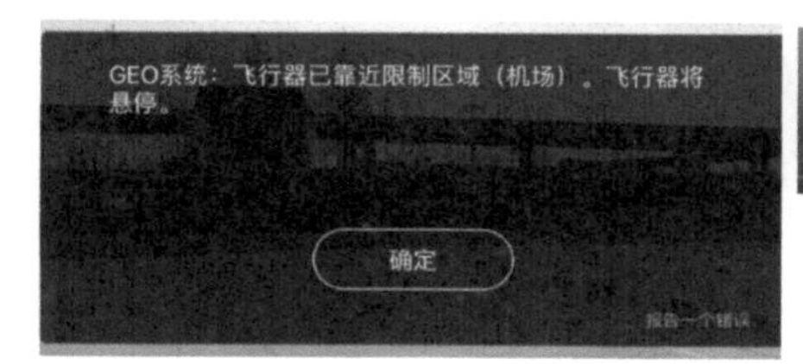

图 3-6　飞行警告

DJI 对限飞区域的设置及提示仅为辅助保障飞行安全，不保证与当地法律法规规定的完全一致。机场限飞区设置如图 3-7 所示。因此在每次飞行前，飞行器操作者应当自行查询飞行区域的法律法规及监管要求，并对自身的飞行安全负责。在靠近或者处于限飞区域时，所有的智能飞行功能均会受到影响，包括但不限于靠近限飞区域时飞行器被减速、无法设置飞行任务、正在执行的飞行任务被中断等。所以每次执行任务前操作者都要提前对作业区域是否为限飞区进行查询。

3.3.3　禁飞区飞行解禁

由于不同国家或地区的法律法规要求不同，也会根据不同限飞区限制等级，因此，大疆创新结合用户实际需求，提供了授权区解禁（self-unlocking）和特殊解禁（custom unlocking）两种类型的解禁模式。

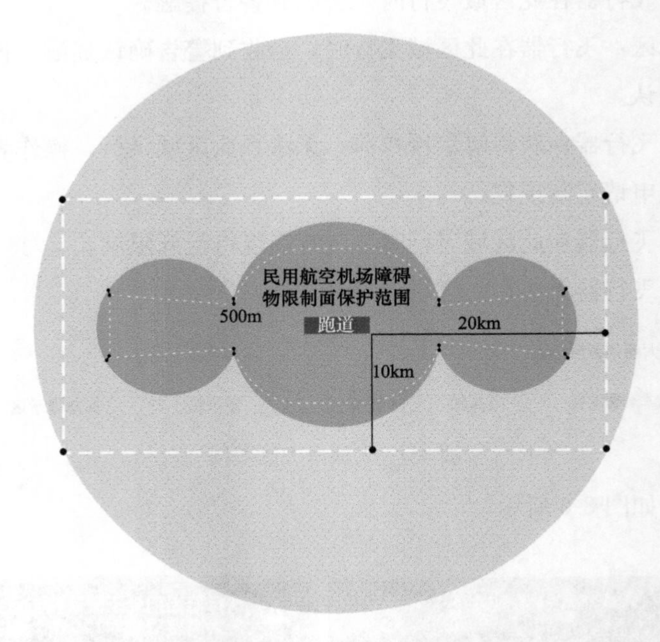

图 3-7 机场限飞区设置

授权区解禁是针对授权区进行解禁，是指用户通过手机号进行身份验证，然后获得在授权区飞行的许可。此功能只在部分国家开放。用户可以选择在网页端访问网址 https://www.dji.com/flysafe 获取授权（离线解禁），也可以在 DJI GO App 端获得授权（在线解禁）。

特殊解禁是针对用户的特殊需求，为用户划定特殊飞行区域的一种解禁模式，此解禁按照解禁区域需提供不同的飞行许可文件。用户可通过网页端访问网址 https://www.dji.com/flysafe 进行申请，申请步骤如图 3-8 所示。如对解禁有任何疑问可访问网址 https://www.dji.com/flysafe 或者联系 flysafe@dji.com 进行咨询。

特殊解禁需提交的资料有以下几种。

(1) 能够表明身份的资料。若代表个人提交申请，提供本人身份证照片；若代表组织提交申请，请提供印有组织名称并附有签名或公章的申请文件。

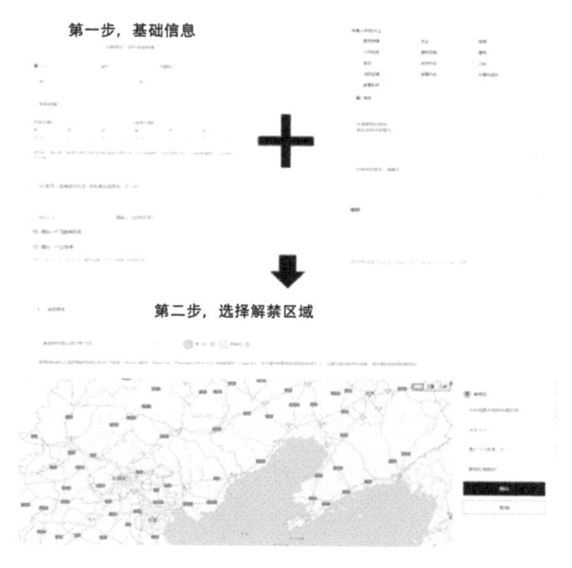

图 3-8　申请步骤

（2）能够表明拥有在该特定区域飞行资质的资料。根据申请解禁区域的类型，需提供的资料可能不同。

机场禁飞区：请提供机场运行单位、航空主管部门或公安机关提供的授权或许可。

核电站：请提供核电站管理部门、航空主管部门或公安机关的授权或许可。

监狱：请提供监狱管理部门、航空主管部门或公安机关的授权或许可。

体育场馆：请提供体育场馆的授权或许可。

灾害区域：仅限警察、消防、救援、公共安全等政府机构申请，请提供印有政府机构名称的申请文件，并以政府机构的邮箱地址提交申请。

其他区域：请提供航空主管部门或公安机关的授权或许可。

通常情况下，将于一个工作日内将处理结果发送至填写的邮箱地址；若提交资料信息错误或遗漏或遇到其他不可控原因，处理将会延迟，请提早准备解禁申请。解禁申请获得通过，请使用最新版本的应用程序 DJI GO，并将固件升级到最新版本，保证解禁操作的顺利进行。详细解禁流程可扫描图 3-9 所示二维码观看视频进行了解。

图 3-9　详细解禁流程

3.4 无人机飞行安全管理

近几年，随着多旋翼无人机行业快速发展，使用多旋翼无人机的人数迅速增加，由于使用者违规使用或者缺乏安全观念而导致的安全事故也经常发生。无序飞行不仅对人身安全也对社会秩序造成了影响。

3.4.1 航空安全

无人机擅自穿越军民航正常飞行的航路航线和空域极易造成危险接近或者空中相撞事故。无序飞行导致航班延误示例如图 3-10 所示。

图 3-10 无序飞行导致航班延误示例

3.4.2 安防安全

遥控航模无人机的理论和目视操作飞行高度一般小于 1000m，而警用直升机的飞行航线有时只有 400m 高度。由于一些城市管理需要，低空航线飞行甚至还在这个高度之下，这样两者之间存在空中交汇冲突点，一旦发生意外，后果不堪设想。低空开放但必须按照要求进行飞行，未按要求进行低空飞行示例如图 3-11 所示。

图 3-11　未按要求进行低空飞行示例

3.4.3　公共安全

微型无人机由于操作不当会出现电子机械传动、无线电信号传输故障，也会因为飞行前检查不细而出现意外事故。微型无人机不像遥控汽车或遥控船模，出现故障后可以靠边停泊，遥控无人机一旦出现空中误操作，面临的就是坠毁，在人口密集地区出现此类问题，极有可能导致人伤物损。因此微型无人机飞行必须符合限定高度，不符合限定高度违规飞行示例如图 3-12 所示。

图 3-12　不符合限定高度违规飞行示例

第4章 飞行安全与维护

4.1 气 象 因 素

4.1.1 风

风力是指风吹到物体上所表现出的力量大小，根据风速可将其分为18个等级。

风影响着无人机的稳定性、续航时间、相对地面的运动轨迹、速度和航向等，顺风飞行时续航时间将增加，逆风飞行时续航时间将相应地缩短。无人机抗风能力与其机身质量、动力冗余、飞控特性等息息相关，飞行之前一定要明确其抗风等级，以明确其所能适应的飞行环境。

天气预报所报出的风速都是低空风速，无人机如果飞到高空后风速及风向有可能产生突变。如果风速超过无人机抗风能力，无人机自身动力无法抵抗强劲风速时，操作将变得十分困难。大部分多旋翼无人机都应在5级风以内进行飞行，以保证飞行安全。风力等级与风速见表4-1。

表4-1　风力等级与风速

风力等级	风的名称	风速（m/s）	风速（km/h）	陆地现象	海面状态
0	无风	0～0.2	<1	静，烟直上	平静如镜
1	软风	0.3～1.5	1～5	烟能表示风向，但风向标不能转动	微浪
2	软风	1.6～3.3	6～11	人面感觉有风，树叶有微响，风向标能转动	小浪
3	微风	3.4～5.4	12～19	树叶及微枝摆动不息，旗帜展开	小浪
4	和风	5.5～7.9	20～28	能吹起地面灰尘和纸张，树的小枝微动	轻浪
5	清劲风	8.0～10.7	29～38	有叶的小树枝摇摆，内陆水面有小波	中浪
6	强风	10.8～13.8	39～49	大树枝摆动，电线呼呼有声，举伞困难	大浪

续表

风力等级	风的名称	风速（m/s）	风速（km/h）	陆地现象	海面状态
7	疾风	13.9～17.1	50～61	全树摇动，迎风步行感觉不便	巨浪
8	大风	17.2～20.7	62～74	微枝折毁，人向前行感觉阻力甚大	猛浪
9	烈风	20.8～24.4	75～88	建筑物有损坏（烟囱顶部及屋顶瓦片移动）	狂涛
10	狂风	24.5～28.4	89～102	陆上少见，见时可使树木拔起或将建筑物损坏严重	狂涛
11	暴风	28.5～32.6	103～117	陆上很少，有则必有重大损毁	非凡现象
12	飓风	32.7～36.9	118～133	陆上绝少，其摧毁力极大	非凡现象
13	飓风	37.0～41.4	134～149	陆上绝少，其摧毁力极大	非凡现象
14	飓风	41.5～46.1	150～166	陆上绝少，其摧毁力极大	非凡现象
15	飓风	46.2～50.9	167～183	陆上绝少，其摧毁力极大	非凡现象
16	飓风	51.0～56.0	184～201	陆上绝少，其摧毁力极大	非凡现象
17	飓风	56.1～61.2	202～220	陆上绝少，其摧毁力极大	非凡现象

1. 乱流

乱流又称湍流或紊流，是指空气块的一种不规则运动。在乱流运动中，各个乱流微团的路径不是整齐、平行的，而是极其复杂的、各不相同的弯曲路径。气流在中高空相对比较稳定，但是由于地面上建筑、树木等的存在，流经这些区域会产生不稳定的气流，这就是乱流。乱流方向不定，会对无人机飞行稳定造成影响。乱流的影响程度取决于风速以及障碍物形状及大小，速度过快且混乱的乱流有可能对无人机造成不可估计的后果。风流经建筑时发生乱流如图 4-1 所示。

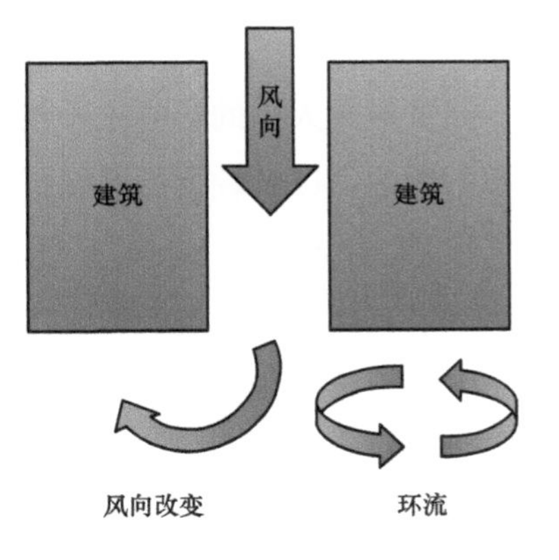

图 4-1　风流经建筑时发生乱流

2. 风向

风向是无人机飞行的重要影响因素，逆风飞行会降低无人机的速度，而顺风飞行则相反。高速侧风则会造成无人机降落困难或者侧翻，所以降落时应注意风的方向。

风速较快时，应避免飞行到下风向较远距离，如果风速过快，无人机返回过程将全程逆风，有可能导致无人机返回困难或者电量耗尽仍未回到操作手身边。

风向对无人机飞行的影响如图 4-2 所示。

图 4-2　风向对无人机飞行的影响

4.1.2　温度

温度对无人机的影响主要包括对电池放电性能的影响、空气密度变化对飞行效率的影响，以及较大的温差会凝结成水汽对无人机状态的影响。

1. 温度对锂电池放电性能的影响

环境温度对无人机的影响主要表现为改变聚合物锂电池的充放电性能。多旋翼无人机主要采用的是锂电池，低温会使锂电池性能下降，造成多旋翼动力不足、续航时间缩短。

如需在较低温度下飞行，应提前对电池进行预热使其温度升至 25～35℃，起飞前先悬停 1min 以使电池性能恢复正常工作情况。

2. 气温对飞行效率的影响

气温高低将影响螺旋桨工作效率，气温较高时大气密度小，螺旋桨拉力减小，无人机最大载重和升限都稍有减小，反之其最大载重和升限都会有所增大。

温度高低还将影响无人机气压高度计的指示，外界环境温度的改变将影响气压高度计的工作状态，从而导致高度显示不正确。

3. 温差对多旋翼无人机的影响

温度过低或者温差过大将导致航拍无人机所搭载的镜头镜面结雾，影响拍摄任务。

如室外温度较低时，直接将无人机由室内带至室外，将导致内部结构水汽凝结，有可能使飞控系统以及电子调速器受到凝水的影响，从而导致故障。

4.1.3 湿度

湿度是表示大气干燥程度的物理量，一定体积的空气里含有的水汽越少，空气越干燥；水汽越多，则空气越潮湿。潮湿空气会使无人机金属部分产生腐蚀，因此不但会降低材料强度和缩短使用时间，而且有可能会造成电路短路等情况。

空气相对湿度越大表示空气中水分子含量越大，空气黏度越大。螺旋桨在湿度较大环境下将受到更大的空气阻力，从而缩短了无人机续航时间。

4.1.4 能见度

能见度是指正常视力的人在当时天气条件下，从天空背景中能看到或辨认出目标物的最大水平能见距离。能见度低的飞行环境，将影响操作者对飞行距离的正确判断，容易导致超视距飞行，从而影响飞行安全。能见度较差的雾霾天气如图 4-3 所示。

图 4-3　能见度较差的雾霾天气

4.1.5 海拔

随着海拔的升高，空气变得稀薄，大气压力也随之降低。大气压力对无人机性能的影响很显著。在较高海拔地区飞行时，伴随大气压力的降低，起飞和着陆距离都会增加，同时还会对爬升率造成很大的影响。海拔与空气密度的关系见表 4-2。

表 4-2 海拔与空气密度的关系

海拔（m）	0	1000	2000	2500	3000	4000	5000
相对大气压力（Pa）	1.000	0.881	0.774	0.724	0.677	0.591	0.514
相对空气密度（kg/m³）	1.000	0.903	0.813	0.770	0.730	0.653	0.583
绝对湿度（g/m³）	11.00	7.64	5.30	4.42	3.68	2.54	1.77

随着海拔的上升空气的稀薄度会逐渐提高。飞机上升力主要来源于旋翼周围的空气定向流动。在空气稀薄状况下，无人机很难得到足够的上升气流，这样就必须增加更大的转速来获得足够的升力。多旋翼无人机需要通过增加转速来提供足够的升力时，不但能量消耗增大，同时也减少了无人机续航时间，无人机的姿态响应也会有所降低，增加了巡检的危险性。

4.2 信 号 因 素

无人机稳定飞行需要依靠外部的地球磁场信号以及全球定位系统来进行导航。另外，要想实现无人机遥控控制、图传信号回传等操作，则需要通过链路系统进行信号传输。

4.2.1 磁罗盘信号

由于无人机与周围的电磁环境存在交互作用，因此随着电子设备应用密集、无线通信应用领域不断扩大，地球的电磁环境越来越复杂，无人机受到的干扰逐渐增多。

磁罗盘通过检测地球磁场信号来判定无人机航向，而地球磁场信号强度较为微弱，所以磁罗盘是无人机中较易受到干扰的传感器。磁罗盘受到干扰就会给飞控系统提供错误的数据，当这个数据与飞控系统计算出的方向角偏离超过一定级别时，就会造成导航算法补偿过量，从而导致无人机失控。

对磁罗盘信号干扰最大的因素就是飞行环境地面或建筑含有的铁磁性物质，因为铁磁性物质本身带有磁场信号，并且其强度远大于地球磁场信号。因此无人机飞行时应避免在具有较强磁性区域进行飞行。铁质栅栏、磁铁矿脉、停车场、桥洞、带有地下钢筋的建筑区域均含有大量铁磁性物质，无人机与其距离过近，干扰源自身附带的磁场信号将对无人机磁罗盘产生干扰。应避免在大块金属正上方进行飞行，大块金属区域如图 4-4 所示。

图 4-4　大块金属区域

无人机长期闲置，其内部磁罗盘信号有可能产生漂移，所以在闲置较长时间以后重新飞行时应重新校准磁罗盘。另外，各个地区的地球磁场信号并不完全相同，无人机所处位置变化较大时应重新校准磁罗盘。例如无人机最后一次飞行是在深圳，但是第二天要到兰州进行飞行，在兰州进行第一次飞行之前应重新校准磁罗盘。

无人机执行磁罗盘校准操作需在距地面 1m 以上区域进行，不应携带手机、钥匙等铁磁性物质。若校准不成功，可考虑更换地点重新进行操作。室内地磁信号与室外环境有差异，所以无人机如果在室内校准了磁罗盘，在室外进行飞行时应重新进行校准。

4.2.2 GNSS 信号

GNSS 信号是无人机进行定位悬停、航线飞行的基础，如果 GNSS 信号不佳将无法实现很多自动功能乃至不能实现定位悬停。GNSS 信号接收原理是接收机接收多颗卫星发射的 GNSS 信号并进行计算，在一定范围内，接收到的卫星数量越多其导航的精度也越高。如果飞行区域建筑众多或者地形凹陷都将会影响 GNSS 信号接收，导致能够接收的卫星数量过少。

在高层建筑群当中，无人机 GNSS 信号大部分被遮挡，其只能接收到正上方的少量卫星信号。在城市中，由于高楼为垂直拔高，较少存在反射面，会导致 GNSS 信号强度降低，信号微弱会造成设备飘移。GNSS 信号在空旷地接收效果最佳，高楼及密集的高层建筑物会对 GNSS 信号接收构成影响。在峡谷中，由于周围有高山阻挡，直接捕获的可能仅仅是头顶上的一到两颗卫星。因此当无人机处在峡谷或者类似地形时，GNSS 信号也有部分被遮挡，导致卫星数量不足。无人机处在没有高大建筑的平地时信号质量最佳，无人机飞行也更为稳定。综上，影响 GNSS 信号质量的因素有：

（1）外来天然或人工来源干扰信号，干扰信号会影响 GNSS 信号。

（2）太阳因素（太阳黑子可能会降低信号强度，但一般不会影响到定位）。

（3）电气电磁干扰，无线电、强磁场均会产生不同程度干扰。

4.2.3 遥控遥测信号

地面作业人员对无人机的控制来源于控制通信链路，一旦通信链路中断或者无人机超出了遥控距离，地面作业人员对无人机也就失去了控制。

1. 无人机与遥控器距离

任何遥控设备都有其有效控制距离，无人机超出遥控设备的有效距离将接收不到来自遥控设备的控制信号，这种情况被称之为失控。以大疆无人机为例，无人机一旦失控将根据之前设定存在原地悬停、返回起飞点、原地降落等情况。在实际飞行当中，应明确所操纵的无人机与遥控设备的有效控制距离，并将飞行距离控制在可操作范围内。

2. 遮挡物

遮挡物是指在操纵者与无人机之间存在的明显的障碍物，遮挡物会遮挡操作人员视线导致其无法看清无人机的状态及姿态，并可能会影响无线控制信号传输。在使用时应避免将无人机飞行到楼宇、树木等障碍物后面。

3. 同频信号的干扰

无人机遥控控制信号主要是通过无线信道进行传输，若其正在使用的频段受到其他信号如发射塔、电台等信号干扰时，将导致传输效果变差甚至是传输中断，从而影响操作者的判断严重影响飞行安全。

无人机一定要避免在高压线、通信基站或发射塔等区域飞行，以免遥控器信号受到电磁环境的干扰。另外，要注意遥控器天线的摆放，同时操作者要注意盲区的存在，尽量避免在变电站与信号发射塔等强电磁信号区域飞行，变电站与信号发射塔等强电磁信号区域如图 4-5 所示。

图 4-5 变电站与信号发射塔等强电磁信号区域

4.2.4 图传信号

对需要进行长距离飞行的无人机来说，图传信号就是无人机的“眼睛”，肩负着操作手对无人机状态、飞行环境和视野监察的任务。

1. 天空端与地面段距离

任何无线信号传输设备都有其有效控制距离，图传设备一旦超出其有效距离就将接收不到来自无人机天空端的图像信号，这种情况被称为图传信号丢失。无人机一旦接近图传最远有效距离时，在接收端的图像显示信息就会出现瞬间画面信号丢失的情况，这种情况被称为“花屏”现象；若距离超出有效距离，则会完全失去画面信号，对无人机的飞行造成极大影响。在实际飞行当中，应明确所操纵的无人机的图传有效控制距离，并将飞行距离控制在该范围内。

2. 遮挡物

若发现无人机处于遮挡物后面且图传信号丢失时，操作手应视情况进行信号接收天线的调整或者操控无人机使其飞至信号恢复区域（用于无人机高度较低，被树木遮挡的情况）。

3. 同频信号的干扰

无人机图像传输主要是通过无线信道进行传输，若其正在使用的频段受到其他信号如发射塔、电台等信号干扰，将导致传输效果变差甚至传输中断。如果附近有相同频道的设备工作时，还有可能接收到其他设备的信号，这种情况被称为“串频”，从而影响操作者的判断严重影响飞行安全。故在飞行前，需要操作手反复检查无人机使用的频道，若使用该频道时已有其他设备占用或者干扰的情况，及时进行调整。

4.3 障碍物因素

障碍物因素是指在飞行过程中无人机所接触到所有地面以及低空的建筑、地形、树木、高压塔等的总和，这些会对无人机飞行造成多方面影响。

4.3.1 地面建筑与树木、公路、铁路与跨越线路

1. 地面建筑与树木

现代城市高楼大多使用钢筋混凝土结构，无人机应与建筑保持安全距离。同时需注意设置返航高度，若返航高度低于周围建筑的最高高度，无人机返航过程中将有可能撞到建筑物。

2. 公路

省级以上公路及其两侧 50m 范围内，未经允许不得使用无人机进行飞行。同时高速行驶的车辆对无人机来说也是一大隐患，若由于无人机飞行高度过低

或其他因素造成无人机与车辆发生碰撞，则会引起车辆失控甚至发生严重的道路事故。无人机与汽车挡风玻璃碰撞如图 4-6 所示。

图 4-6 无人机与汽车挡风玻璃碰撞

3. 铁路与跨越线路

根据《铁路安全管理条例》第五十三条规定，禁止在铁路电力线路导线两侧各 500m 的范围内升放风筝、气球等低空飘浮物体。

4.3.2 近地面基站、大功率发射设备

主流的无人机无线电遥控设备采用 2.4G 频段，家用的无线路由均采用 2.4G 频段，发射功率虽然不高，但由于城市数量大，无人机在复杂的城市地区飞行时，难免会干扰遥控器的无线操控及图像传输，为飞行安全带来隐患。

为保证手机信号的覆盖率，国内三大电信运营公司（电信、移动、联通）在城市或乡镇地区密集性建设地面基站网络。虽然手机网络次无线发射信号的频率和无人机遥控设备的频率相差较大，但由于地面基站发射功率较大，当无人机靠近雷达、广播电视信号塔等部分较大型无线电设备时，由于信号被覆盖遮蔽，也会有较大可能影响遥控系统的正常工作，导致无人机会出现“双丢”现象（即遥控信号、图传信号丢失），直接影响飞行。

4.4 常见情况处理方法

4.4.1 安全策略设置

由于机巡作业的特性，无人机在线路的日常巡视中需要远距离甚至超视距飞行至对应杆塔进行巡查。对无人机的遥控链路来说，信号沿直线或视线路径传播时，信号的传播易受自由空间的衰耗和媒质信道参数的影响，如地—地传播的影响，包括地面、地物对电波的绕射、反射和折射，特别是近地对流层对电波的折射、吸收和散射；大气层中水汽、凝结体和悬浮物对电波的吸收和散射。这些因

素会引起信号幅度的衰落，此时无人机就会发生链路数据丢失，甚至中断的情况，对无人机飞行安全造成较大的影响。因此，在作业前应按实际情况灵活调整无人机飞控系统中的安全策略部分。

下面以大疆开发的 DJI GO App 中飞行控制器设置部分为例，重点了解无人机失去遥控信号后采取的不同失控方案的区别以及在日常巡检前应该进行的安全策略调整。

1. 失控行为设置

依次点击飞控设置—高级设置—其他—失控行为，可以看到失控行为项可设置无人机遥控信号丢失后执行的命令选择，可选择返航、悬停及下降；在返航选项内还可设置返航高度，返航高度可根据当时飞行的环境来进行修改，默认为 30m。失控行为设置如图 4-7 所示。

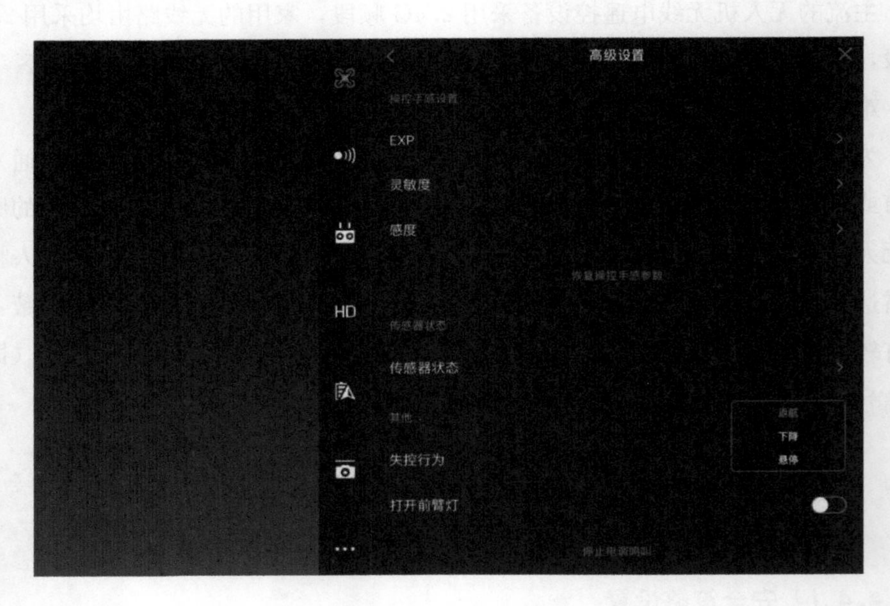

图 4-7　失控行为设置

注意：

(1) 当无人机接收 GNSS 信号良好且卫星数量大于 6 颗时，无人机语音提示“返航点已刷新，请留意返航位置”，无人机返航点记录后，才可使用返航功能。

（2）无人机在自动返航上升到指定高度的过程中，无人机不可控制，但可以选择终止无人机返航功能。

（3）若无人机在水平距离返航点 20m 处触发返航功能，由于此时无人机已处于视距范围内，故无人机将会从当前位置自动下降并降落。

（4）当 GNSS 信号欠佳（GNSS 图标为灰色）或者 GNSS 不工作时，不可使用自动返航功能。

（5）返航过程中，当无人机上升至 20m 后但没达到预设返航高度前，若用户拨动油门杆，则无人机将会停止上升并从当前高度返航。

（6）无人机已返回到返航点上空时，可操控遥控装置对无人机降落地点进行调整，方便其降落在平坦区域。

2. 图传设置

图传设置界面如图 4-8 所示，在图传设置界面中，坐标图横轴代表目前仅供使用的信道，纵轴显示信号噪声强度，通常显示为负值，噪声强度的绝对值越大，表示其噪声信号强度越低，即－100dBm 噪声信号强度最小，绝对值越小则图传效果越好、越稳定。图传信道设置如图 4-9 所示，图像传输质量设置如图 4-10 所示。

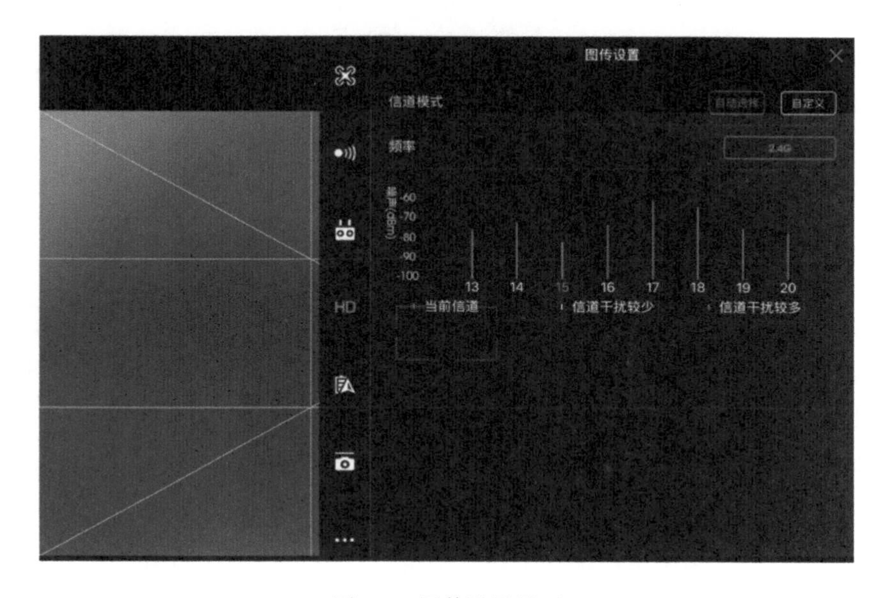

图 4-8　图传设置界面

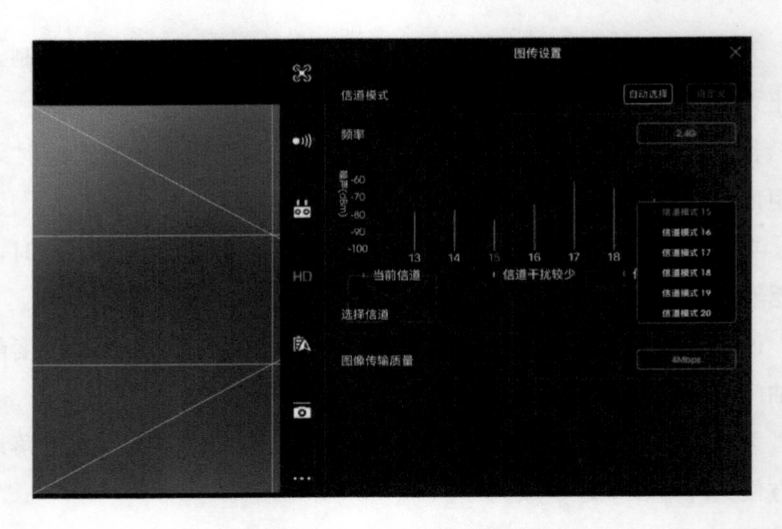

图 4-9　图传信道设置

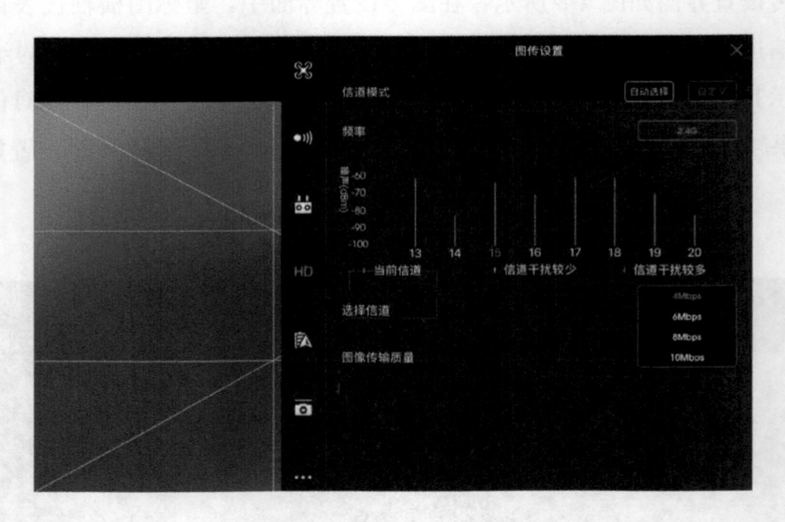

图 4-10　图像传输质量设置

信号干扰的强弱会根据飞行地点的不同随时变化，故信道模式采用自动选择，可以更好地进行信道切换，从而自动选择最可靠的信道进行传输。

若需要进行长距离飞行，需增强图传距离，缓解调频引起的卡顿现象，信道模式可选用自定义对图传信道进行设置，并调整图传质量。

若飞行过程中图像传输仍然卡顿，则可以在更多设置中打开启用硬件解码，能有效缓解卡顿现象（仅 ios 系统支持此功能）。

3. 低电量设置

在日常巡视的过程中，操控手经常需要操作无人机进行超视距甚至远距离飞行，此时需要对无人机的燃料进行估算。在巡检过程中，若没有预留返航所需电量或者由于顺逆风的关系，无人机未能在电量耗尽之前完成巡检任务并返回起飞点，则导致其断电坠毁，造成物资财产上的损失。

在无人机设置—智能电池设置页面中，我们可以查看电池内每块电池电芯的电压，以防电池出现过大压差出现故障。在该页面下方有严重低电量警报、低电量警报 2 个滑条，可供操作手灵活调节电量警告阈值。智能电池设置页面如图 4-11 所示。

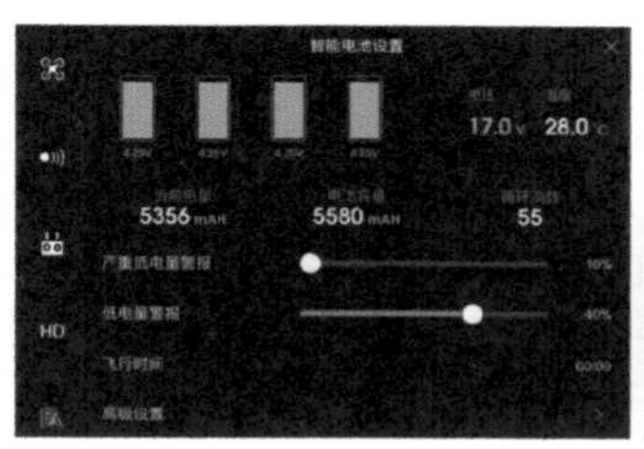

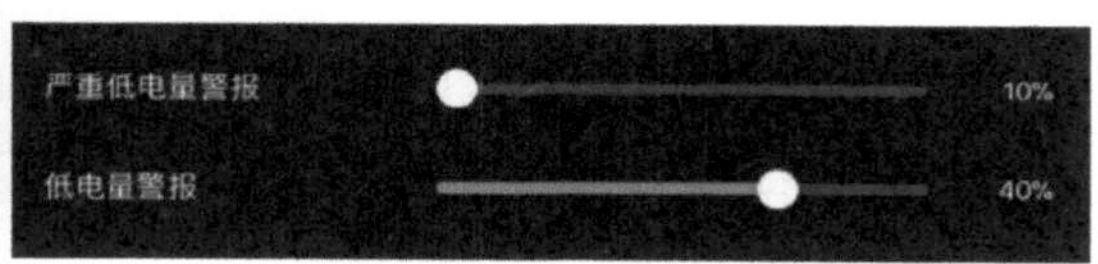

图 4-11　智能电池设置页面

低电量警报：无人机电量低于警报值时，无人机将会提醒操作手电量低于设定值，但并不会干预无人机飞行姿态。

严重低电量警报：无人机电量低于此警报值时，无人机将会警告操作者此时无人机电量即将耗尽，同时将降低无人机高度，但此时操作手仍可操作无人机飞行直至降落至地面。

在日常飞行时，由于线路档距较宽，且每次起降需要巡查的杆塔数量较多，故在起飞前，建议电池低电量警报设置在 40%（即 3.84V 左右），以提醒操作手及时进行返航作业；建议电池严重低电量警报设置在 15%（即 3.72V 左右），以保证电池寿命不会受到过放的影响。

4.4.2　异常情况处理方法

无人机常见情况与处理方法见表 4-3。

表 4-3　　　　无人机常见情况与处理方法

常见情况	处理方法
降落时姿态不稳导致坠地	进行无人机紧急停机
视距内飞行撞击障碍物	进行无人机紧急停机
磁罗盘数据错误	通过图传信号实时判断无人机位置，控制无人机远离铁塔、高压线等干扰
远离干扰源后依然提示磁罗盘错误	退出 GPS 模式，使用姿态模式返航
飞行时软件提示遥控（图传）信号弱	检查无人机图传信道，更换到干扰较少的信道
超视距飞行时图传信号丢失	调整天线，使天线信号最强面朝向无人机
超视距飞行时失控坠落	进行紧急停机之后，查看地面站飞行无人机轨迹，确定无人机位置进行寻找
低电量降落时无人机下方不适合降落	向上推动油门杆，使无人机短时间内停止下降，同时操控无人机前往适合降落的地点降落（此操作要时刻注意无人机电量避免断电坠机）
返航点未刷新	移动无人机到空旷区域，等待刷新完成后再起飞；如需强制飞行，则需手动飞回起飞点，切勿使用自动返航功能
电动机堵转	先卸除桨叶，晃动机身检查内部是否有零件松脱，后在电动机空载的情况下，手扭电动机检查有无卡顿现象。启动电动机后，反复使电动机提速监听是否有异常响声
无人机飞行过程中振动较大	卸除桨叶后，启动无人机使电动机转动，检查是否有电动机出现异常振动

4.5　无人机基础维护保养及固件升级

为保证无人机系统的正常运行，减少不必要的机器故障与损失，提高无人机测绘作业工作效率，无人机系统的维护保养及固件升级是必不可少的。

4.5.1　维护保养

不同类型无人机维护保养要求不同，日常维护检查要养成习惯，保证设备保持良好工作状态，避免作业中失效产生不必要的损失。维护可分为机身维护、动力系统维护、飞控系统维护、图传系统（遥控）维护、电池储存和保养、云台相机使用及维护。

1. 机身维护

无人机属于精密器械，任何部件的微小变动都会影响其飞行状态和使用寿命，因此无人机在日常使用的过程中应小心谨慎，且应对其进行定期维护和检查，以确保无人机在每次作业时安全可靠。

（1）无人机表面整洁无划痕，喷漆和涂覆应均匀；如出现新增的外观损伤，建议进行触摸检查，防止无人机存在隐患。

（2）设备无针孔、凹陷、擦伤、畸变等损坏情况，擦伤、畸变等现象会破坏机身原有设计，导致重心不均，增加无人机修正所需的电量耗损，降低续航时间，严重时可使机身晃动过大影响使用寿命，甚至导致 IMU 数据异常，增加事故风险。机身破损如图 4-12 所示。

（3）检查电池外壳是否有损坏及变形，电量是否充裕，电池是否安装到位。

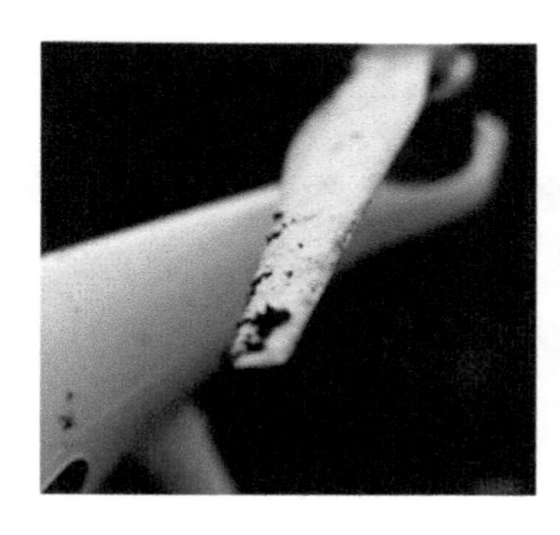

图 4-12　机身破损

2. 动力系统维护

动力系统是无人机获得升力、保持悬停的核心部件，维护不当可能会导致飞行器动力不足发生危险。日常检查需要注意对桨叶、电动机响声、电动机振动及固定螺栓这几部分进行检查。电动机及桨叶固定座如图 4-13 所示。

（1）检查桨叶情况以及有无裂痕、磨损等，如发现桨叶出现破损，建议停止使用并更换桨叶。

（2）在不安装飞机螺旋桨的情况下启动电动机，若启动之后电动机出现异常响声，则可能是轴承磨损或变形，建议更换电动机以消除隐患。

（3）检查电动机下方的固定螺栓及桨叶固定座是否稳固，周围塑料零件是否出现裂缝。如果螺栓松动可以使用螺丝刀把松动的螺栓拧紧；若塑料件出现裂缝，请立即更换以防止出现塑料件开裂失效等情况。

（4）避免无刷电机长期工作在高温环境（70℃以上）。

（5）避免电动机进水，保持内部干燥。

图 4-13　电动机及桨叶固定座

3. 飞控系统维护

飞行控制系统（简称飞控系统）是无人机最重要的部分之一。飞控系统的维护保养至关重要，除了进行指南针校准外，IMU 及视觉系统也是我们必须去留意并及时、定期进行校准的模块，但这些模块状态出现异常时，会通过 LED（飞行状态指示灯）进行展示。

（1）飞控系统校准。如遇以下情况，需要进行相关的校准：

1）指南针在长时间不使用、距离上次起飞点距离较远的情况下（100km），最好进行校准。

2）如飞行过程中发现无人机姿态不稳，且无法按指定操控杆量前进时，或降落时无人机发生大幅度弹跳，则需要对无人机进行 IMU 校准。

3）要确保视觉系统的摄像头清晰无污点，如果飞行器受到强烈碰撞，则需要重新校准。当 DJI GO App 提示时要按照提示进行校准。

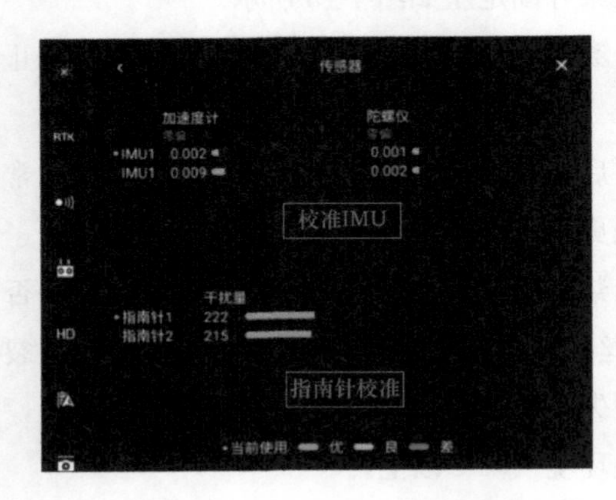

图 4-14　指南针与 IMU 校准页面

指南针与 IMU 作为无人机飞控系统重要的元器件，它的维护与保养关系着无人机的飞行安全。指南针与 IMU 校准页面如图 4-14 所示。

（2）指南针校准。日常使用时禁止磁性物体（如磁铁）长时间与脚架接触。在进行远距离作业时（距离上次校准指南针的地点超过 50km)，或是 DJI GO App 提示进行指南针校准时，需进行指南针校准。请勿在强磁场区域或大块金属附近校准，如磁矿、停车场、带有地下钢筋的建筑区域等。校准时请勿随身携带铁磁物质，如手机等。

指南针校准步骤如下：

1）进入 DJI GO App 相机界面，点击左上角飞控参数设置页面，选择传感器状态。点击指南针并选择校准指南针，飞行器状态指示灯黄灯常亮代表指南针校准程序启动。

2）水平旋转飞行器 360°，飞行器状态指示灯绿常亮。水平旋转飞行器示意图如图 4-15 所示。

3）使飞行器机头朝下，水平旋转 360°。机头朝下水平旋转示意图如图 4-16 所示。

图 4-15　水平旋转飞行器示意图

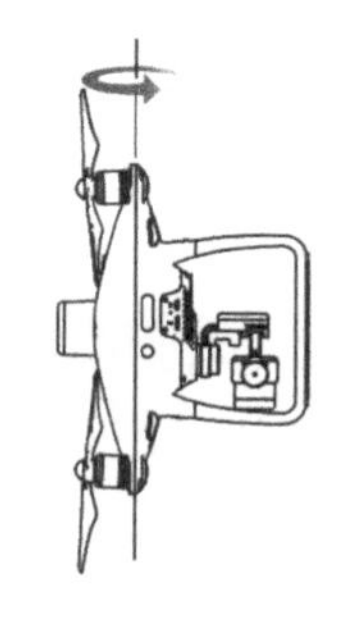

图 4-16　机头朝下水平旋转示意图

4）完成校准，若飞行器状态指示灯显示红灯常亮，表示校准失败，请重新校准指南针。

详细的指南针校准过程可扫描图 4-17 所示的二维码观看。

图 4-17　指南针校准

(3) IMU 校准。惯性测量单元（inertial measurement unit，IMU）包含三轴加速度计和三轴陀螺仪，小型飞机上一般使用的都是 MEMS 惯性传感器元件。一般在飞机升级后、长途运输后、飞机飘移幅度大、飞机预热过久、相机 roll 轴倾斜、App 报错或提示时（具体报错如传感器误差过大、加速度计错误、陀螺仪 bias 过大），或者是飞机出现异常不能悬停时，建议校准一下 IMU，其校准操作步骤如下：

1）进入 DJI GO App 相机界面，点击左上角飞控参数设置页面，选择传感器状态。点击校准传感器，飞行器状态指示灯黄灯常亮代表指南针校准程序启动。

2）按 App 提示进行平放、侧放等操作，等待 LED 指示灯绿灯常亮后按 App 提示更换放置角度。最终完成校准后对无人机进行重启。

IMU 校准教程可扫描图 4-18 所示的二维码观看。

图 4-18　IMU 校准

(4) 视觉系统校准。将飞行器连接 DJI Assistant 2，按照以下步骤依次校准前视、下视及后视视觉系统。其校准操作步骤如下：

1）将飞行器面向屏幕，飞行器面向屏幕如图 4-19 所示。

2）移动位置使飞行器对准方框，校准方框如图 4-20 所示。

3）按照提示旋转飞行器，旋转飞行器如图 4-21 所示。

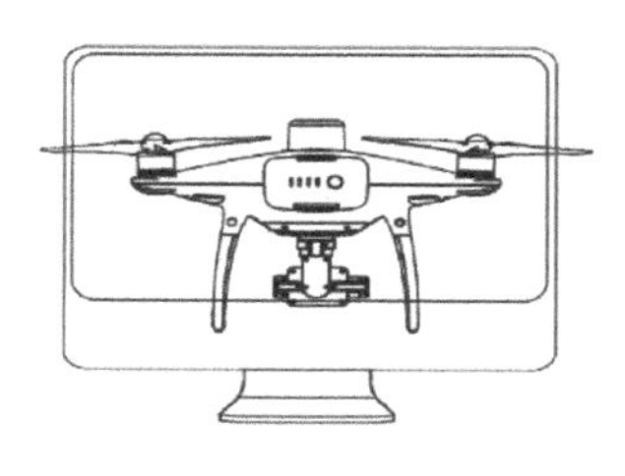

图 4-19　飞行器面向屏幕

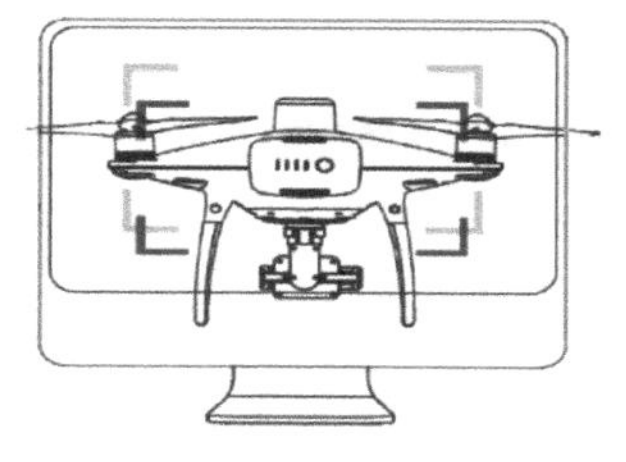

图 4-20　校准方框

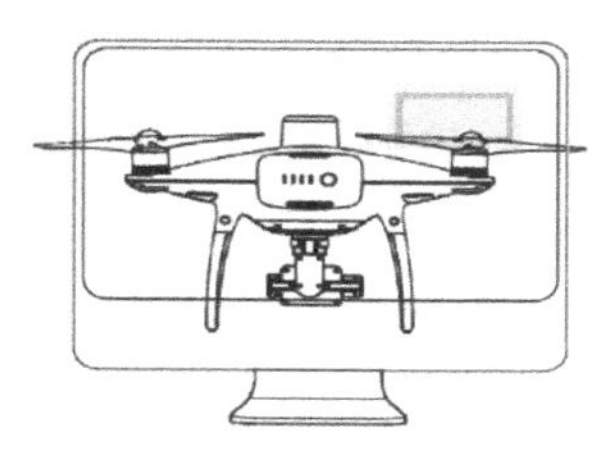

图 4-21　旋转飞行器

视觉系统校准教程可扫描图 4-22 所示的二维码观看。

图 4-22　视觉系统校准

4. 图传系统（遥控）维护

在（图传系统遥控）维护保养方面，我们要知道以下几点才能够让我们在飞行过程中获得更好的图像效果，增强图传有效距离。具体内容包括遮挡、干扰、摇杆清洁等，遥控器天线连接处如图 4-23 所示，注意红框内天线安装是否牢固以及天线连接处接头是否脱落。

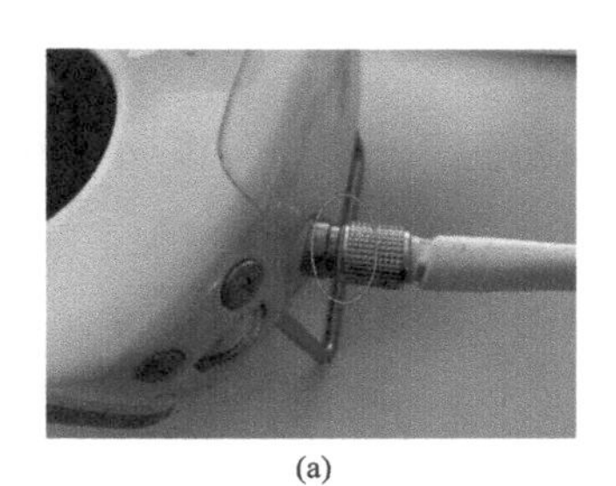

(a)

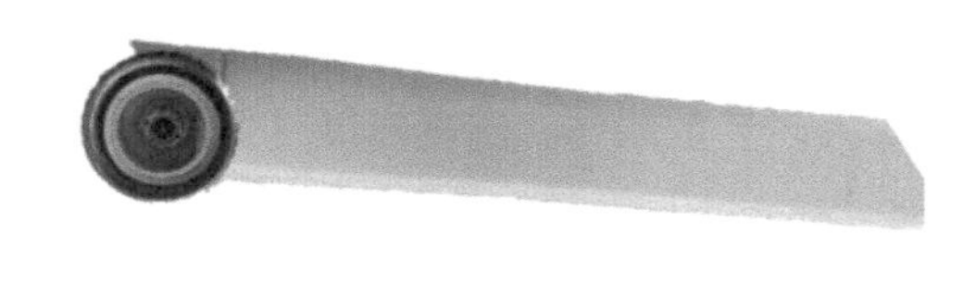

(b)

图 4-23　遥控器天线连接处

（a）实物图；（b）细节图

（1）检查飞行器脚架位置附近有无遮挡物。

（2）飞行器切勿在强电、强磁等具有强干扰性的复杂环境下进行起飞等操作。

（3）保持遥控器表面清洁，摇杆位置请注意防尘，切勿进水。

（4）若遥控开机后，状态显示灯红色频闪，且同时发出“滴、滴、滴”声响时，证明遥控摇杆需要进行校正。

（5）遥控天线在使用过程中交叉相叠时会减弱图传信号，故在飞行时请并排天线，以增强遥控信号。

（6）检查遥控器天线是否安装牢固及天线连接处接头是否脱落。

（7）日常维护时请注意脚架部分的天线是否被折断或损伤，如有请联系大疆售后购买全新天线进行更换。

5. 电池储存和保养

电池的正常维护是为了确保电池在合适的温度范围内对无人机进行供电。智能电池的加入让飞行变得更加安全，但要注意的是电池的损坏和异常状态都会让智能电池进入保护状态，从而使电池寿命提前结束，无法继续使用。所以我们在使用的过程中一定要注意避免贪飞，养成良好的电池使用习惯会让我们的飞行更安心。智能电池外观如图 4-24 所示。

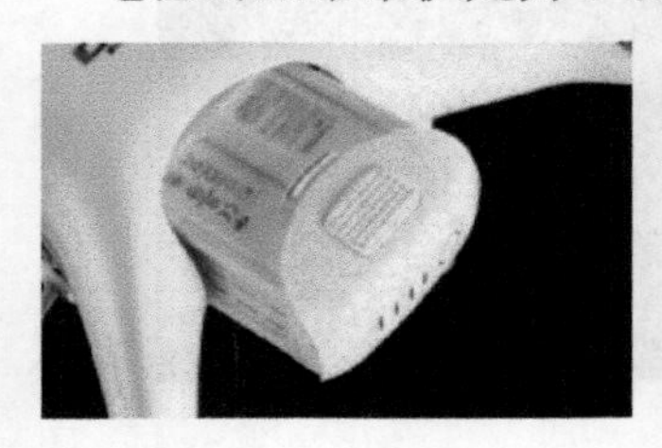

图 4-24　智能电池外观

（1）电池使用。

1）严禁使用电池接触任何液体，请勿将电池浸水或将其弄湿。

2）严禁使用鼓包、漏液、包装破损的电池。

3）在将电池安装或者拔出飞行器之前，请保持电池的电源关闭。请勿在电池电源打开的状态下拔插电池，否则可能损坏电源接口。

4）电池应在环境温度为－10～40℃时使用。温度过高（高于 50℃），会引起电池着火，甚至爆炸；温度过低（低于－10℃），电池寿命将会受到严重损害。

5）禁止在强静电或磁场环境中使用电池，否则电池保护板将会失灵，从而导致飞行器发生严重事故。

6）禁止以任何方式拆解或用尖锐物体刺破电池，否则将会引起电池着火甚至爆炸。

7）电池内部液体具有强腐蚀性，如有泄漏请远离。如果内部液体溅射到人体皮肤或者眼睛，请立即用清水冲洗至少 15min，并立即就医。

8）电池如从飞行器摔落或受外力撞击，不得再次使用。

9）如果电池在飞行器飞行过程中或其他情况下意外坠入水中，请立即拔出电池并将其置于安全的开阔区域，这时应远离电池直至电池完全晾干。晾干的电池不得再次使用，应按照合理的废弃方法妥善处理。若电池发生起火，使用固态类灭火器材，推荐按以下顺序使用灭火器材：水或水雾、沙、灭火毯、干粉、二氧化碳灭火器。

10）如果电池接口有污物应使用干布擦干净，否则会造成接触不良，从而引起能量损耗或无法充电。

11）当电池处于飞行放电状态时，为了尽可能地争取飞行时间，以让飞行器有更多时间降落，电池会关闭过放电保护以让电池持续输出。一旦出现这种情况，很可能会因为严重过放，导致电芯电压低于 2V。严重过放的电池再次充电有极大的起火安全隐患，因此，单个电芯电压低于 2V 时，电池将被锁死，禁止再次充电，且该电池无法继续使用。

（2）电池充电。

1）充电时请将电池和充电器放置在周围无易燃、可燃物的地面，如水泥地面等。请留意充电过程，以防发生意外。

2）禁止在飞行器飞行结束后立刻对电池进行充电。飞行器飞行结束后电池处于高温状态，强制充电会对电池寿命造成严重损害，建议待电池温度降至室温后再进行充电。理想的充电环境温度（5～40℃）可大幅度延长电池的使用寿命。

3）充电完毕后请断开充电器及充电管家与电池间的连接。定时检查并保养充电器及充电管家，经常检查电池外观及各部件。切勿使用已有损坏的充电器及充电管家。

（3）电池储存和运输。

1）禁止将电池放在靠近热源的地方，比如阳光直射或热天的车内、火源或加热炉。电池理想的保存温度为 22～28℃。

2）禁止将电池与眼镜、手表、金属项链、发夹或者其他金属物体一起储存或运输。

3）超过 10 天不使用电池，请将电池放电至 40%～65%电量存放，可延长电池的使用寿命。

4）切勿将电池彻底放电后长时间储存，避免电池进入过放状态，从而造成电芯损坏，电芯一旦损坏电池将无法恢复使用。

5）若需要长期存放则需将电池从飞行器内取出。每 3 个月左右进行深度充放电一次，以保持电池活性。

（4）电池废弃。务必将电池彻底放电后再置于指定的电池回收箱中。电池是危险化学品，严禁废置于普通垃圾箱。电池回收标志如图 4-25 所示。

6. *云台相机使用及维护*

云台作为承载相机的设备用来保证画面稳定，由于云台属于精密的设备，因此需要保证在无尘及无污损情况下装配。但由于要防止被机载设备遮挡视线而经常安装在无人机机头或脚架附近，因此容易受到灰尘沙土等影响，所以在日常的使用与维护中也需要经常对其进行检查，确保其在空中能提供稳定的画面效果。云台相机如图 4-26 所示。

图 4-25　电池回收标志

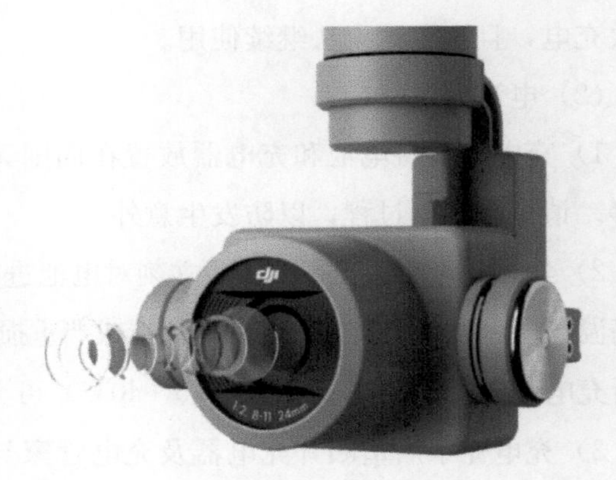

图 4-26　云台相机

为了保证无人机正常使用以及具有良好的拍摄效果，云台相机也是需要注意养护的配件。

（1）使用一段时间后，建议检查下排线是否正常连接，有无折叠、破损的情况。

（2）开机后云台会执行自检程序，程序执行前要确保云台固定扣已拆除，保证云台能自由移动，防止长期堵转引起的电动机烧毁。

（3）检查金属接触点是否氧化或者污损（可用橡皮擦清洁），若有可更换相机云台，则需检查云台快拆部分是否松动、风扇噪声是否正常。

（4）注意不要用手直接触摸相机镜片，若镜片被污损可用镜头清洁剂清洗。

（5）系统通电之后，检查云台电机运转是否正常。

（6）飞行过程中，注意不要在尘土较多的地面上起飞降落，以免尘土（特别是铁屑等易被吸附的金属粉末）进入云台电机内部影响云台性能。

（7）在灰尘较多的环境飞行后，需要对电动机内部进行清灰工作。

4.5.2 固件升级

无人机的固件升级是对系统的进一步优化，是提升飞控可靠性、获得新功能、满足相关法律法规需要所进行的产品维护部分。无人机升级完成后会获得更好、更稳定的飞行体验，固件升级教程可扫描图 4-27 所示的二维码观看。

图 4-27　固件升级

升级前注意事项：

1）电池电量确保在 50%以上。

2）无人机桨叶必须卸除。

3）如之前调整过飞控参数请对各参数进行备份。

4）保证升级设备的网络连接稳定。

5）如果有多块智能电池，则升级过程中需要更换多块电池并分别进行升级。

1. 通过 App 端升级

（1）遥控器固件升级。

1）打开遥控器与飞行器，点击遥控器屏幕右下角的固件升级图标。

2）找到本次升级的版本，点击升级下载升级版本。

3）下载完成后再次点击升级，安装更新。

4）更新完成后，系统会提示已升级至最新版本。

遥控器固件升级界面如图 4-28 所示。需要注意的是遥控器在更新过程中可能会重启。

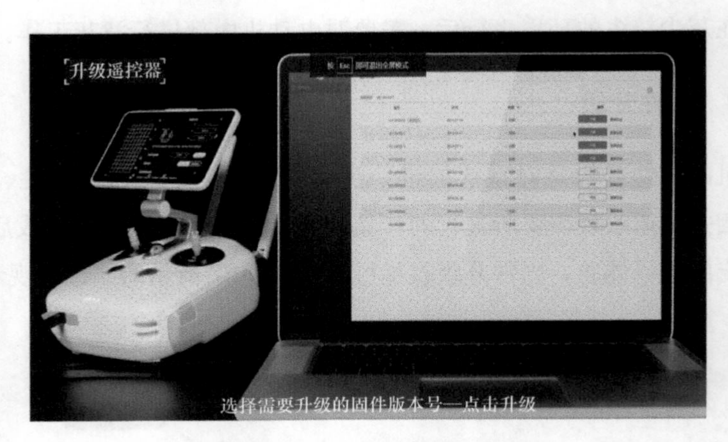

图 4-28　遥控器固件升级界面

（2）飞行器固件升级。

1）使用 USB-C OTG 线和 Micro-USB 线连接遥控器和飞行器。

2）在遥控器上找到需要升级的版本，点击对应版本右侧的升级按钮。

3）点击安装更新，飞行器在升级的过程中可能重启。飞行器固件升级界面如图 4-29 所示。

图 4-29　飞行器固件升级界面

注意：升级过程中切勿断开连接。

4）打开飞行器与遥控器电源，等待自检完成。

5）点击主界面，点击设备固件进入设备固件界面，查看当前设备版本。

6）点击设备固件中的操作按键进入固件信息界面，查看当前设备固件信息，点击升级进入升级页面。

7）使用 USB-C OTG 线和 Micro-USB 线连接遥控器和飞行器。

8）点击立即更新后按步骤及提示进行升级。

9）升级过程中云台变软、无人机自动重启都属于正常现象，待 App 提示升级成功后重启飞行器即可。

2. 通过 PC 端升级

（1）打开飞行器电源，等待自检完成。

（2）使用数据线连接带有 DJI Assistant 2 For Phantom 的 PC 端，在软件登录后点击相应机型。

（3）点击左侧固件升级按钮，选择相应的固件版本进行固件升级。PC 固件升级界面如图 4-30 所示。

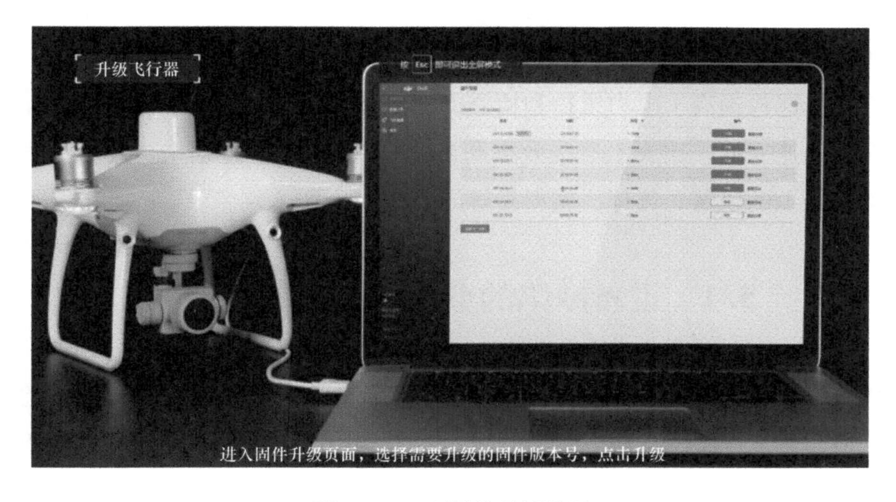

图 4-30　PC 固件升级界面

第5章　输电线路无人机巡检技术

在电力行业，无人机主要被应用于架空输电线路巡检。无人机巡检系统指利用无人机搭载可见光、红外等检测设备，完成架空输电线路巡检任务的作业系统。

线路的维护与巡检在电力系统中有着相当重要的作用，因此得到了很多电力专家的重视。在观察设备外观情况时，无人机技术可以起到相当关键的作用，无人机电力部门相关人员通过相关的数据和图像资料可以清楚判断一些重要的部件是否受到损坏，从而保证输电线路的安全，保障居民的用电。除正常巡检和特殊巡检，还可将无人机应用在电网灾后故障巡检。当灾害导致道路受阻、人员无法巡检时，无人机可以发挥替代作用，开展输电线路巡查，准确定位杆塔、线路故障，且无人机比工作人员视角更广，能避免盲点。

无人机巡检提高了电力维护和检修的速度和效率，使许多工作能在完全带电的情况下迅速完成，比人工巡线效率高出40倍。在巡检过程中，还可通过无人机清除线路上的风筝、气球、塑料袋等异物。

5.1　设备缺陷的分类原则及处理时限

国家电网有限公司根据架空输电线路缺陷的严重程度，将其分为危急、严重、一般缺陷。详细的缺陷评级方式可以参考《国家电网公司输电线路运维管理规定》。

5.1.1　设备缺陷的分类原则

1. *危急缺陷*

危急缺陷指缺陷情况已危及到线路安全运行，随时可能导致线路发生事故，既危险又紧急的缺陷。危急缺陷消除时间不应超过 24h，如遇危急缺陷可临时采取确保线路安全的技术措施进行处理，随后消除。常见的危急缺陷如杆塔倾斜度不小于 15‰；导线钢芯断股、损伤截面积超过铝股或合金股总面积的 25%；耐张线夹出现线夹本体滑移等。

2. 严重缺陷

严重缺陷指缺陷情况对线路安全运行已构成严重威胁，短期内线路尚可维持安全运行，情况虽危险但紧急程度较危急缺陷次之的一类缺陷。此类缺陷的处理时间一般不超过 1 周，最多不超过 1 个月，消除前须加强监视。严重缺陷有角钢塔横担歪斜度 5%～10%；导线损伤截面积占铝股或合金股总面积 7%～25%；一串绝缘子中含有多片零值绝缘子，但良好绝缘子片数大于或等于带电作业规定的最少片数等。

3. 一般缺陷

一般缺陷指缺陷情况对线路的安全运行威胁较小，在一定期间内不影响线路安全运行的缺陷。此类缺陷一般应在一个检修周期内予以消除，需要停电时列入年度、月度停电检修计划。一般缺陷有防振锤滑移；间隔棒安装或连接不牢固，出现松动、滑移等现象；与居民区距离不足，交跨距离为 90%～100%规定值。

为明确设备缺陷性质，减少设备缺陷定性的不统一现象，本书附录 A 列举了一些常见缺陷，以供运行部门在缺陷定性时使用。

5.1.2 设备缺陷的处理时限

1. 危急缺陷

消除时间或立即采取措施以限制其继续发展的时间不超过 24h。

2. 严重缺陷

消除时间原则上不超过 7 天。但由于电网运行方式或其他特殊情况的限制，无法及时处理的缺陷，经本单位技术主管领导同意及各级调度部门批准后，可适当延长处理时限。在此期间，必须安排缺陷的跟踪、试验、检查或采取措施，以免使其发展成为紧急缺陷。

3. 一般缺陷

（1）属下列情况之一的一般缺陷，应列入下一个季度的生产计划予以消除：

1）不需要停电处理。

2）可带电作业处理。

3）经调整运行方式，使缺陷设备停电但不影响正常供电。

（2）必须停电处理的一般缺陷，应在发现缺陷后的第一次停电时消除。

5.2 输电线路概述

电力网在电力系统中起到输送、变换和分配电能的作用，它包括升、降压变压器和各种电压等级的输配电线路。在电力网中，输电线路的作用是将发电厂发出的电力送到消费电能的地区，或进行相邻电网之间的电力互送以形成互联电网。

按照敷设形式不同，电力线路可分为架空线路、电力电缆线路。输电线路按电压等级的不同，可分为高压输电线路（220kV 和 330kV）、超高压输电线路（500、750kV 和±660kV）和特高压输电线路（1000、±800kV 和±1100kV）。配电网按电压等级的不同，可分为高压配电网（110kV 和 35kV）、中压配电网（20、10、6kV 和 3kV）和低压配电网（220V/380V）。

5.2.1 架空输电线路的组成

架空输电线路由杆塔、绝缘子、金具、架空导（地）线、杆塔基础等主要元件组成。

1. 杆塔类

（1）定义。杆塔是通过绝缘子串组悬挂导线的装置，是用来支持导线、避雷线及其附件的支持物，用以保证导线与导线、导线与地线、导线与地面或交叉跨越物之间有足够的安全距离。

（2）分类。

1）杆塔按其受力性质，宜分为悬垂型杆塔、耐张型杆塔。悬垂型杆塔宜分为悬垂直线和悬垂转角杆塔；耐张型杆塔宜分为耐张直线、耐张转角和耐张终端杆塔。垂悬型杆塔与耐张型杆塔如图 5-1 所示。

图 5-1 垂悬型杆塔与耐张型杆塔

a. 悬垂直线杆塔：用于架空线路直线段的杆塔，用在线路的直线段上以承受导线、避雷线、绝缘子串、金具等重力以及它们之上的风力荷载，一般情况下不会承受不平衡张力和角度力。它的导线一般用线夹和绝缘子串挂在横担下。

b. 耐张转角杆塔：主要承受导线或架空地线的水平张力，同时将线路分隔成若干耐张段，以便线路的施工和检修，并可在事故情况下限制倒杆断线的范围。也可用于改变线路水平方向。导线用耐张线夹和耐张绝缘子串固定在杆塔上，承受的荷载较大。

c. 耐张终端杆塔：位于线路的首、末端，即变电所进线、出线的第一基杆塔。耐张终端杆塔是一种承受单侧张力的耐张杆塔。耐张转角杆塔与耐张终端杆塔如图 5-2 所示。

d. 跨越杆塔：位于线路与河流、山谷、铁路等交叉跨越的地方。跨越杆塔也分为悬垂型和耐张型 2 种。当跨越档距很大时，就得采用特殊设计的耐张型跨越杆塔，其高度也较一般杆塔高得多。

e. 换位杆塔：用来进行导线换位。高压输电线路的换位杆塔分滚式换位用的悬垂型换位杆塔和耐张型换位杆塔两种。

(a)

(b)

图 5-2　耐张转角杆塔与耐张终端杆塔

（a）耐张转角杆塔；（b）耐张终端杆塔

2）杆塔按其回路数，应分为单回路、双回路和多回路杆塔。单回路导线既可水平排列，也可三角排列或垂直排列；双回路和多回路杆塔导线可按垂直排列，必要时可考虑水平和垂直组合方式排列。

3）杆塔按结构材料可分为铁塔、钢管塔、钢管组合塔、钢筋混凝土杆、钢管杆。

a. 铁塔部件有：主材、斜材、交叉材、水平材、辅材、连板、塔脚板、挂点板、脚钉、爬梯。

b. 钢管塔、钢管组合塔部件有：主材、斜材、交叉材、水平材、辅材、连板、肋板、法兰盘、塔脚、挂点板、工作扣环、脚钉、爬梯。

c. 钢筋混凝土杆部件有：杆身、钢板圈、横担、横担拉杆、拉线系统。

d. 钢管杆部件有：杆身、法兰盘、横担、横担拉杆。

2. 导地线类

（1）定义。导线是架空输电线路的重要组成元件，它通过绝缘子串组悬挂在杆塔上，用于输送电能。因要承受自重、风、冰、雨、空气温度变化等的作用，要求其具有良好的电气性能和足够的机械强度。常用的导线材料有铜、铝、铝镁合金和钢。

地线是在某些杆塔或所有杆塔上用于接地的导线，通常悬挂在导线上方，对导线构成一保护角，防止导线受雷击。当雷击杆塔时，雷电流可以通过避雷线分流一部分，从而降低塔顶电位，提高耐雷水平。

（2）导线与地线的分类。

1）圆线同心绞架空导线：在一根中心线芯周围螺旋绞上一层或多层单线（横截面为圆形）组成的导线，其相邻层绞向相反。

型号有铝绞线、铝合金绞线、钢芯铝绞线、防腐性钢芯铝绞线、钢芯铝合金绞线、铝合金芯铝绞线、铝包钢芯铝绞线、铝包钢芯铝合金绞线、钢绞线、铝包钢绞线等。

2）型线同心绞架空导线：在一根中心线芯周围螺旋绞上一层或多层单线（具有不变横截面且非圆形）组成的导线，其相邻层绞向相反。

3）镀锌钢绞线：在一根中心线芯周围螺旋绞上一层或多层热镀锌钢丝组成的架空地线，其相邻层绞向相反。

钢绞线按断面结构分为1×3、1×7、1×19、1×37四种。

4）光纤复合架空地线：由光纤和保护材料制成的光单元再和单层或多层单线同心绞就形成了光纤复合架空地线（optical fiber composite overhead ground wire，OPGW）。OPGW是一种具有传统架空地线和通信能力的双重功能的线。

3. 绝缘子类

（1）定义。绝缘子是用于支持和悬挂导线，并使导线和杆塔等接地部分形成电气绝缘的组件。架空电力线路的导线是利用绝缘子和金具连接固定在杆塔上的。用于导线与杆塔绝缘的绝缘子，在运行中不但要承受工作电压的作用，还要受到过电压的作用，同时还要承受机械力的作用及气温变化和周围环境的影响，所以绝缘子必须有良好的绝缘性能和一定的机械强度。

为了增加绝缘子的泄漏距离（又称爬电距离）以阻断电弧，同时避免下雨时污水直接从绝缘子上部流到下部，形成污水柱造成短路事故，提高绝缘子的抗污能力，使得污秽物质不能均匀地附在绝缘子上，因此绝缘子的表面通常会被做成波纹形。

1）绝缘子：使处在不同电位的电气设备或导体形成电气绝缘和机械固定的器件。

2）绝缘子串：两片或多片绝缘子组合在一起，柔性悬挂架空线导线。绝缘子串主要承受张力。

3）绝缘子串组：一串或多串绝缘子串组合在一起，带有固定和运行需要的保护装置。

4）悬垂绝缘子串组：带有全部金具和附件，悬挂一条导线或分裂导线的绝缘子串组。

5）耐张绝缘子串组：带有全部金具和附件，承受一条导线或分裂导线张力的绝缘子组。

6）地线绝缘子：架空地线绝缘和支持用的绝缘子，通常由绝缘子元件和放电间隙两部分组成，放电间隙由通过螺栓固定在绝缘子元件上的电极构成。

（2）绝缘子的分类。

1）瓷质绝缘子：使用历史悠久，介质的机械性能、电气性能良好，产品种类齐全，使用范围广。在污秽潮湿条件下，瓷质绝缘子在工频电压作用时绝缘性能急剧下降，常产生局部电弧，严重时会发生闪络；绝缘子串或单个绝缘子的分布电压不均匀，在电场集中的部位常发生电晕，并容易导致瓷体老化。瓷质线路柱式绝缘子如图 5-3 所示，瓷质盘形悬式绝缘子如图 5-4 所示。

图 5-3　瓷质线路柱式绝缘子

图 5-4　瓷质盘形悬式绝缘子

2）玻璃绝缘子：成串电压分布均匀，具有较大的主电容，耐电弧性能好，老化过程缓慢，自洁能力和耐污性能好，积污容易清扫。由于钢化玻璃的机械强度是陶瓷的 2～3 倍，因此玻璃绝缘子机械强度较高。另外，由于玻璃的透明性，外形检查时容易发现细小裂纹和内部损伤等缺陷。玻璃钢绝缘子零值或低值时会发生自爆，无需进行人工检测，但自爆后的残锤必须尽快更换，避免因残锤内部玻璃受潮而烧熔，发生断串掉线事故。玻璃绝缘子如图 5-5 所示。

3）复合绝缘子：质量轻、体积小，方便安装、更换和运输。复合绝缘子由伞套、芯棒组成，并带有金属附件，其中伞套由以硅橡胶为基体的高分子聚合物制成，具有良好的憎水性，抗污能力强，用来提供必要的爬电距离，并保护芯棒不受气候影响；芯棒通常由玻璃纤维浸渍树脂后制成，具有很高的抗拉强度和良好的减震性、抗蠕变性以及抗疲劳断裂性。根据需要，复合绝缘子的一端或者两端可以装均压环。复合绝缘子属于棒性结构，内外极间距离几乎相等，一般不发生内部绝缘击穿，也不需要进行零值检测。但复合绝缘子抗弯、抗扭性能差，承受较大横向应力时，容易发生脆断；伞盘强度低，不允许踩踏、碰撞。复合绝缘子如图 5-6 所示。

图 5-5　玻璃绝缘子

图 5-6　复合绝缘子

4. 金具类

（1）定义。电力金具是连接和组合电力系统中各种装置，起到传递机械负荷、电气负荷及某种防护作用的金属附件。

（2）金具的分类。

1）悬垂线夹：将导线悬挂至悬垂串组或杆塔的金具。

悬垂线夹分类：U 型螺丝式悬垂线夹、带 U 形挂板悬垂线夹；带碗头挂板悬垂线夹、防晕型悬垂线夹、钢板冲压悬垂线夹、铝合金悬垂线夹、跳线悬垂线夹、预绞式悬垂线夹等。

2）耐张线夹：用于固定导线，以承受导线张力，并将导线挂至耐张串组或杆塔上的金具。

耐张线夹分类：铸铁螺栓型耐张线夹、冲压式螺栓型耐张线夹、铝合金螺栓型耐张线夹、楔型耐张线夹、楔型 UT 形耐张线夹、压缩型耐张线夹、预绞式耐张线夹等。

3）连接金具：用于将绝缘子、悬垂线夹、耐张线夹及保护金具等连接组合成悬垂串或耐张串组的金具。

连接金具分类：球头挂环、球头连棍、碗头挂板、U形挂环、直角挂环、延长环、U型螺丝、延长拉环、平行挂板、直角挂板、U形挂板、十字挂板、牵引板、调整板、牵引调整板、悬垂挂轴、挂点金具、耐张联板支撑架、联板等。

4）接续金具：用于两根导线之间的接续，并能满足导线所具有的机械及电气性能要求的金具。

接续金具分类：螺栓型接续金具、钳压型接续金具、爆压型接续金具、液压型接续金具、预绞式接续金具等。

5）保护金具：用于各类电气装置或金具本身，起到电气性能或机械性能保护作用的金具。

保护金具分类：预绞式护线条、铝包带、防振锤、间隔棒、悬重锤、均压环、屏蔽环、均压屏蔽环等。

5. 通道巡查类

输电线路环境是指输电线路通道外已经或可能对输电线路设备产生影响的环境变化。

输电线路通道是指《电力设施保护条例》以及《电力设施保护条例实施细则》界定的电力线路保护区范围，输电线路保护区指导线边线向外侧水平延伸一定距离，并垂直于地面所形成的两平面内的区域。

6. 防雷设施与接地装置类

（1）定义。

1）接地：在系统、装置或设备的给定点与局部地之间做电连接。

2）雷电保护接地：为雷电保护装置（避雷针、避雷线和避雷器等）向大地泄放雷电流而设的接地。

3）接地极：埋入土壤或特定导电介质（如混凝土或焦炭）中与大地有电接触的可导电部分。

4）接地系统：系统、装置或设备的接地所包含的所有电气连接和器件。

5）接地装置：接地导体（线）和接地极的总和。

6）接地网：接地系统的组成部分，仅包括接地极及其相互连接部分。

7）集中接地装置：为加强对雷电流的散流作用、降低对地电位而敷设的附加接地装置。一般情况下敷设 3～5 根垂直接地极；在土壤电阻率较高地区，则敷设3～5 根放射形水平接地极。

8）交流输电线路用复合外套金属氧化物避雷器：并联连接在线路绝缘子的两端，用于限制线路上的雷电过电压的复合外套金属氧化物避雷器，简称线路避雷器。

9）线路避雷器本体：由金属氧化物电阻片和相应的零部件及复合外套组成，与外串联间隙一起构成整只带间隙避雷器。是带间隙避雷器的一部分，简称避雷器本体。

10）外串联间隙：是带间隙避雷器的一部分，与避雷器本体串联组成整只带间隙避雷器，简称间隙。间隙分为带支撑件间隙和不带支撑件间隙。

11）带支撑件间隙：由两个分别固定在复合绝缘支撑件两端的电极组成。

12）不带支撑件间隙：也称为空气间隙，由两个电极组成，一个电极固定在避雷器本体高压端，另一个电极固定在输电线路导线上或绝缘子串下端。

13）复合绝缘支撑件：用于固定外串联间隙电极，其材料为复合材料，是带支撑件间隙避雷器外串联间隙的一部分，简称支撑件。

14）监测装置：避雷器用监测器和避雷器用放电计数器的总称。

15）复合接地体：一种由导电非金属材料、电解质材料、化合填充物组成的，能明显降低工频接地电阻和抵抗土壤中水分、盐、酸、碱等因素侵蚀的新型接地体。注：非金属材料指以非金属材料为主的材料，而不管其表面是否有铜、镍等合金；金属材料外附导电的非金属材料也视为非金属材料。

（2）防雷设施与接地装置的分类。

1）防雷设施：避雷针、避雷线、接闪器、线路避雷器等。

2）接地装置：地线引流线、接地引下线、接地网、复合接地体。

5.2.2 架空输电线路设备常见缺陷

1. 杆塔类

（1）杆塔整体：倾覆；倾斜、挠曲；倒杆、断杆。

（2）杆塔横担：歪斜、扭曲；损坏。

（3）杆塔塔材：缺失、松动；损伤；电弧烧伤；锈蚀；有异物。

（4）杆塔拉线：损伤。

（5）钢管杆、钢筋混凝土杆杆身：损伤；锈蚀。

2. 导地线类

（1）导线的常见异常表象。

1）掉线、断线、粘连、扭绞、鞭击。线路断线如图 5-7 所示，双分裂导线上下子线粘连如图 5-8 所示。

图 5-7　线路断线

图 5-8　双分裂导线上下子线粘连

2）损伤（断股、散股、刮损、磨损等）。线路断股、线路散股、导线电弧烧伤、跳线电弧烧伤如图 5-9～图 5-12 所示。

图 5-9　线路断股

图 5-10　线路散股

图 5-11　导线电弧烧伤

图 5-12　跳线电弧烧伤

3）驰度偏差与温升异常。导线驰度偏差、导线跳线子线驰度偏差、导线温升异常、导线跳线接触下子线 U 形挂环、导线跳线穿过均压屏蔽环如图 5-13～图 5-17 所示。

图 5-13　导线驰度偏差

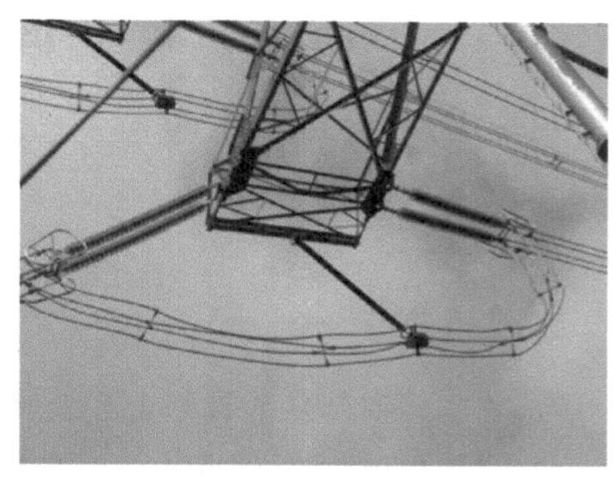

图 5-14　导线跳线子线驰度偏差

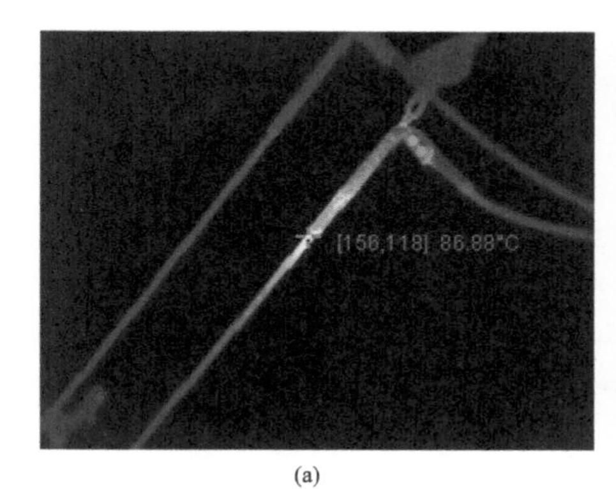

(a)

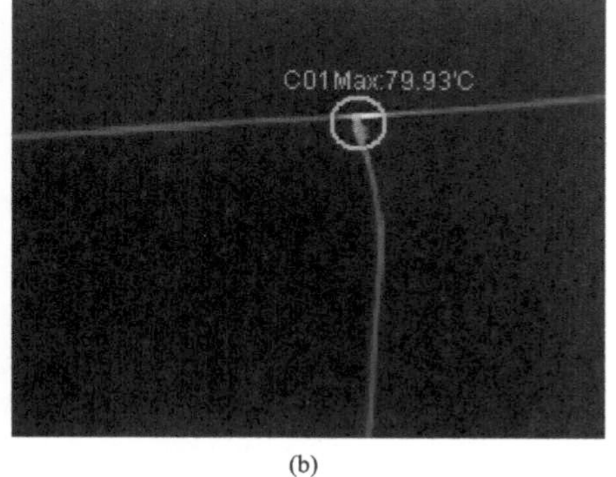

(b)

图 5-15　导线温升异常

(a) 温度 86.88℃；(b) 温度 79.93℃

(a)

(b)

图 5-16　导线跳线接触下子线 U 形挂环

（a）细节图；（b）整体现场图

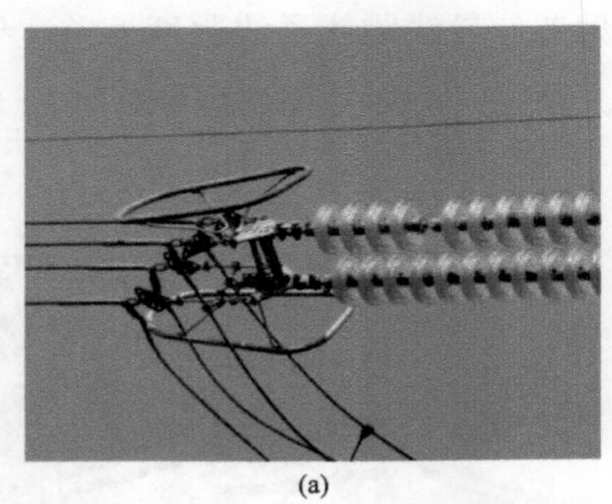
(a)

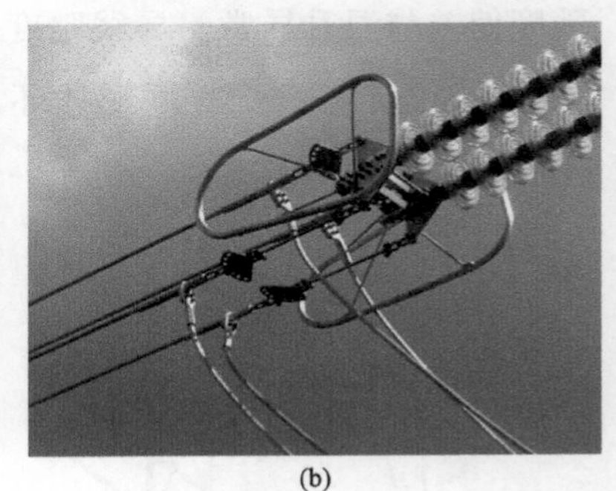
(b)

图 5-17　导线跳线穿过均压屏蔽环（不同拍摄方向）

（a）方向 1；（b）方向 2

（2）地线的常见异常表象。常见异常表象有掉线、断线；损伤（断股、散股、刮损、磨损等）。地线断线，地线断股，地线散股，地线腐蚀、锈蚀，电弧烧伤，地线（OPGW）上扬，地线（钢绞线）上扬，地线温升异常如图 5-18～图 5-25 所示。

图 5-18　地线断线

图 5-19　地线断股

图 5-20　地线散股

图 5-21　地线腐蚀、锈蚀

图 5-22　电弧烧伤

图 5-23　地线（OPGW）上扬

图 5-24　地线（钢绞线）上扬

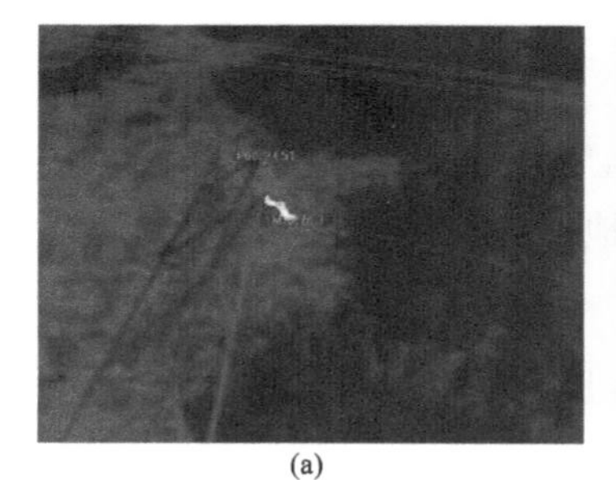

(a)

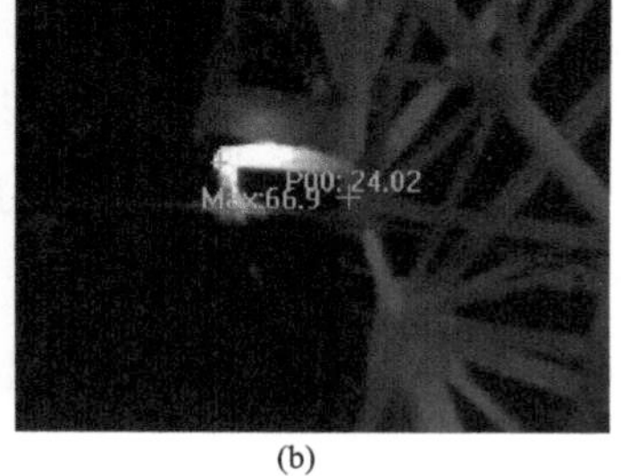

(b)

图 5-25　地线温升异常

（a）温度 76.3℃；（b）温度 66.9℃

（3）常见导线故障原因分析。

1）遭受外力破坏，如：吊车施工；在电力设施保护区内盲目施工、移动桩机；起吊树木；人为因素等外力破坏。

外力破坏对导线造成的损伤如图 5-26 所示。

图 5-26　外力破坏对导线造成的损伤

2）飘挂物导致跳闸，如：帆布条；风筝；塑料条；广告横幅等挂于导线上导致线路跳闸。

导线有异物（漂浮物等）如图 5-27 所示。

(a)
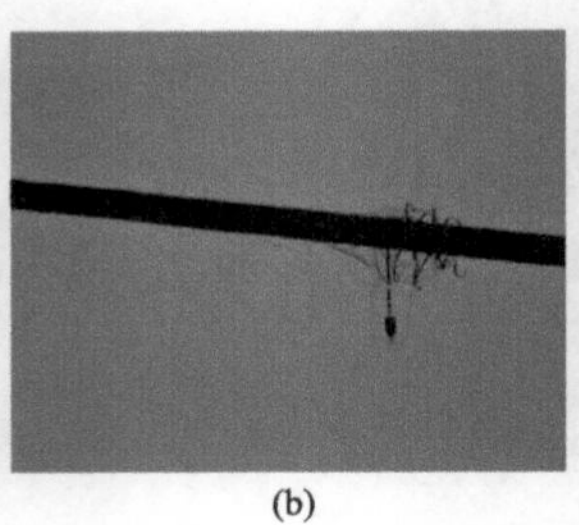
(b)
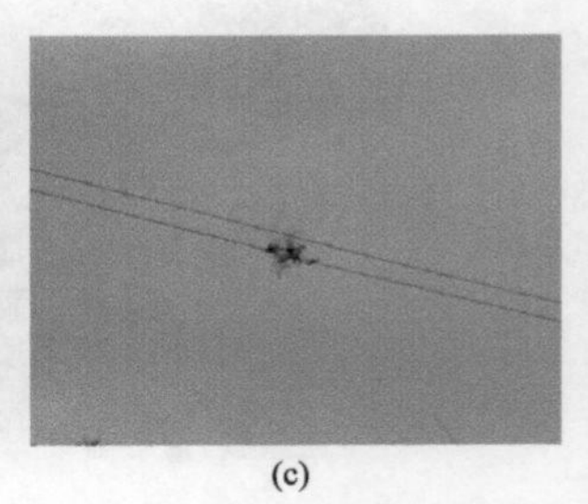
(c)

图 5-27　导线有异物（漂浮物等）

（a）帆布条；（b）杂物；（c）风筝

3）自然灾害导致跳闸，如：锌铁皮等物体撞击导线导致线路跳闸；山林失火导致线路跳闸；山泥倾泻、泥石流等地质灾害导致线路跳闸；强烈地震对电力系统造成的破坏。

4）树障导致跳闸，如：由于树木生长等原因导致线路跳闸。

（4）常见故障评级。

1）紧急缺陷。

a. 7 股导线中 2 股、19 股导线中 5 股、35～37 股导线中 7 股损伤深度超过该股导线的 1/2，钢芯铝绞线钢芯断 1 股，绝缘导线线芯在同一截面内损伤面积超过线芯导电部分截面积的 17％。

b. 导线电气连接处实测温度大于 90℃或相间温差大于 40K。

c. 导线交跨距离、水平距离和导线间电气距离不符合 Q/GDW 519—2010《配电网运行规程》要求。

d. 导线上挂有大异物引起相间短路等故障。

2）重大缺陷。

a. 导线弧垂不满足运行要求，实际弧垂达到设计值 120％以上，或达到设计值 95％以下。

b. 7 股导线中 1 股、19 股导线中 3～4 股、35～37 股导线中 5～6 股损伤深度超过该股导线的 1/2；绝缘导线线芯在同一截面内损伤面积达到线芯导电部分截面积的 10％～17％。

c. 导线连接处实测温度为 80～90℃（含 90℃）或相间温差为 30～40K（含 40K）。

d. 导线有散股、“灯笼”现象，一耐张段出现 3 处及以上散股。

e. 架空绝缘线绝缘层破损，一耐张段出现 3～4 处绝缘破损、脱落现象或出现大面积绝缘破损、脱落。

f. 导线严重锈蚀。

3）一般缺陷。

a. 导线弧垂不满足运行要求，实际弧垂为设计值的 110％～120％。

b. 19 股导线中 1～2 股、35～37 股导线中 1～4 股损伤深度超过该股导线的 1/2；绝缘导线线芯在同一截面内损伤面积小于线芯导电部分截面积的 10％。

c. 导线连接处实测温度为 75～80℃（含 80℃）或相间温差为 10～30K（含 30K）。

d. 导线一耐张段出现一处散股、“灯笼”现象。

e. 架空绝缘线绝缘层破损，一耐张段出现 2 处绝缘破损、脱落现象。

f. 导线中度锈蚀。

g. 温度过高退火。

h. 绝缘护套脱落、损坏、开裂。

i. 导线有小异物不会影响安全运行。

3. 绝缘子类

绝缘子在运行中老化损坏的主要原因有电气、机械、气候影响、大气污秽以及绝缘子本身的缺陷等，因此呈现的异常现象也是多种多样的。

（1）常见异常表象。

1）瓷质绝缘子：串组掉串、脱开；损伤；电弧烧伤；端部金具锈蚀（钢帽、钢脚、放电间隙金具锈蚀）；绝缘子串组倾斜；温升异常。

2）玻璃绝缘子：串组掉串、脱开；损伤；电弧烧伤；端部金具锈蚀；绝缘子串组倾斜；温升异常。

3）复合绝缘子：串组掉串、脱开；损伤；电弧烧伤；端部金具锈蚀；绝缘子串组倾斜；温升异常等。

当发现绝缘子有上述缺陷时，应针对具体情况分析研究、安排时间处理。对瓷质裂纹、破碎、瓷釉烧坏、钢脚和钢帽裂纹及零值的绝缘子，应尽快更换，以防止事故发生。

串组掉串、脱开及损伤，电弧烧伤，绝缘子串组倾斜，温升异常，绝缘子伞裙自爆如图 5-28～图 5-32 所示。

(a)

(b)

图 5-28　串组掉串、脱开及损伤

（a）掉串；（b）损伤

(a)

(b)

图 5-29　电弧烧伤

（a）电弧烧伤多处；（b）电弧烧伤 1 处

(a)

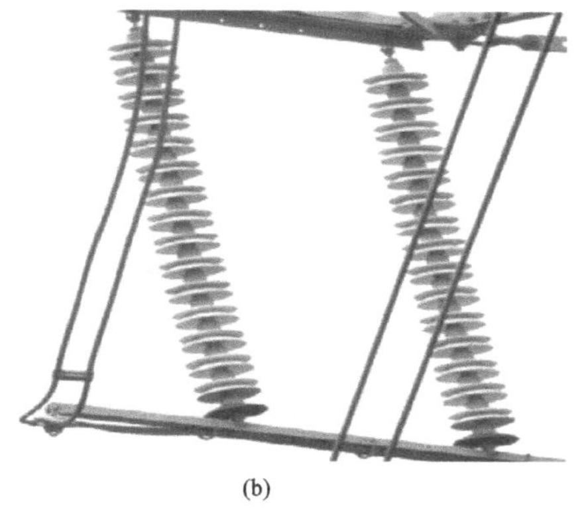

(b)

图 5-30　绝缘子串组倾斜

（a）实物图；（b）示意图

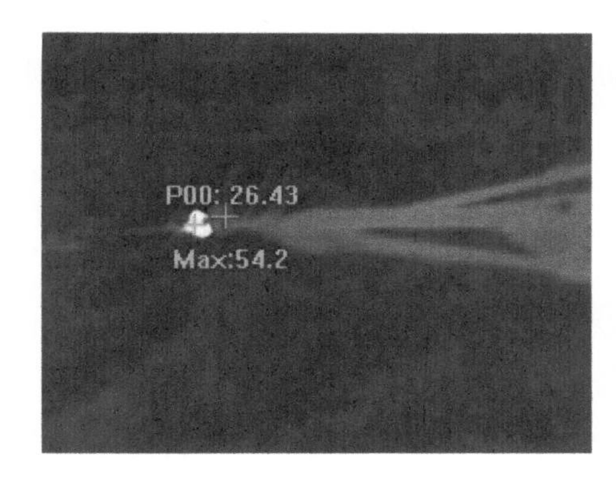

图 5-31　温升异常

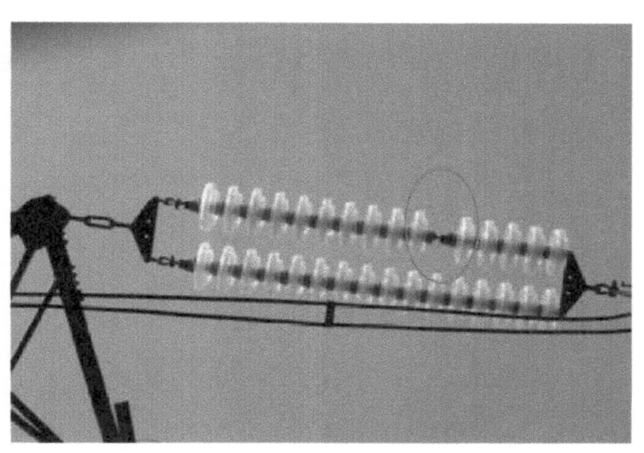

图 5-32　绝缘子伞裙自爆

（2）常见故障评级。

1）紧急缺陷。

a. 表面有严重放电痕迹。

b. 有裂缝，釉面剥落面积大于 100mm²。

c. 固定不牢固，严重倾斜。

2）重大缺陷。

a. 有明显放电。

b. 釉面剥落面积不大于 100mm²。

c. 合成绝缘子伞裙有裂纹。

d. 固定不牢固，中度倾斜。

3）一般缺陷。

a. 污秽较为严重，但表面无明显放电。

b. 固定不牢固，轻度倾斜。

4. 金具类

（1）金具的常见异常表象。

1）悬垂线夹/耐张线夹：移位、脱落；部件松动、缺失；腐蚀、锈蚀；电弧烧伤；损伤；温升异常等。

2）连接金具：移位、脱落；部件松动、缺失；腐蚀、锈蚀；电弧烧伤；损伤；温升异常等。

3）接续金具：移位、脱落；部件松动、缺失；腐蚀、锈蚀；电弧烧伤；损伤；温升异常等。

4）保护金具：移位、脱落；部件松动、缺失；腐蚀、锈蚀；电弧烧伤；损伤；温升异常等。

（2）常见故障评级。

1）紧急缺陷。

a. 线夹电气连接处实测温度大于 90℃或相间温差大于 40K。

b. 线夹主件已有脱落等现象。

c. 金具的保险销脱落、连接金具球头锈蚀严重、弹簧销脱出或生锈失效、挂环断裂；金具串钉移位、脱出、挂环断裂、变形；

d. 横担主件（如抱箍、连铁、撑铁等）脱落；

e. 横担弯曲、倾斜，严重变形。

悬垂线夹回转轴与挂板脱开如图 5-33 所示，四分裂跳线悬垂线夹破损如图 5-34 所示。

图 5-33　悬垂线夹回转轴与挂板脱开

图 5-34　四分裂跳线悬垂线夹破损

2）重大缺陷。

a. 线夹电气连接处实测温度为 80～90℃（含 90℃）或相间温差为 30～40K（含 40K）。

b. 线夹有较大松动。

c. 线夹严重锈蚀（起皮和严重麻点，锈蚀面积超过 1/2）。

d. 横担有较大松动。

e. 横担严重锈蚀（起皮和严重麻点，锈蚀面积超过 1/2）。

f. 横担上下倾斜，左右偏歪大于横担长度的 2%。

瓷绝缘子解体、螺栓式耐张线夹脱落如图 5-35 所示，多个连接金具螺栓的闭口销缺失如图 5-36 所示。

图 5-35　瓷绝缘子解体、螺栓式耐张线夹脱落

图 5-36　多个连接金具螺栓的闭口销缺失

3）一般缺陷。

a. 线夹电气连接处实测温度为 75～80℃（含 80℃）或相间温差为 10～30K（含 30K）。

b. 线夹连接不牢靠，略有松动。

c. 线夹有锈蚀。

d. 绝缘罩脱落。

e. 横担连接不牢靠，略有松动。

f. 横担上下倾斜，左右偏歪不足横担长度的 2%。

地线连接金具温升异常，防振锤移位，均压环脱落，均压环电弧烧伤如图 5-37～图 5-40 所示。

图 5-37　地线连接金具温升异常

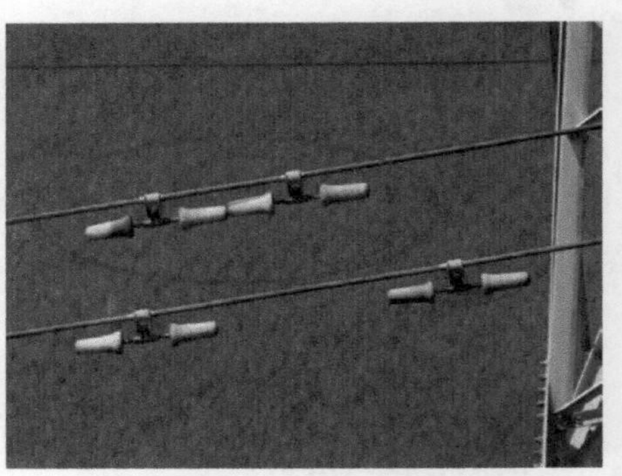

图 5-38　防振锤移位

图 5-39　均压环脱落

图 5-40　均压环电弧烧伤

5. 通道巡查类

(1) 通道与环境常见异常表象。

1）线路通道树木异常：树木与导线安全距离不足；有人种植可能危及线路安全的植物。线下植物与导线距离不足被电弧烧伤如图 5-41 所示。

2）线路通道有建（构）筑物：有在平整土地等搭建建（构）筑物的迹象；有新建建（构）筑物。线下有棚屋如图 5-42 所示。

图 5-41　线下植物与导线距离不足被电弧烧伤

图 5-42　线下有棚屋

3）线路通道有机械施工：机械施工；跨（穿）越物施工；堆放物品等。线下有吊车施工如图 5-43 所示。

4）线路环境变化异常：施工影响（采石、开矿、钻探、打桩、地铁施工等）；射击打靶；新增污染源或污染物排放加重；人为设置漂浮物（气球、风筝、不牢固的农作物覆膜、不牢固的遮阳网、垃圾回收场等）；河道、水库水位变化等。

线路通道有带广告布幅气球如图 5-44 所示。

图 5-43　线下有吊车施工

图 5-44　线路通道有带广告布幅气球

5）巡线通道变化异常：巡视道路桥梁损坏等。

（2）常见故障评级。

1）紧急缺陷。

a. 导线对交跨物安全距离不满足 Q/GDW 519—2010《配电网运行规程》规定要求。

b. 线路通道保护区内树木与导线距离：①在最大风偏情况下水平距离：架空裸导线不大于 2m，绝缘线不大于 1m；②在最大弧垂情况下垂直距离：架空裸导线不大于 1.5m，绝缘线不大于 0.8m。

2）重大缺陷。线路通道保护区内树木与导线距离：①在最大风偏情况下水平距离：架空裸导线为 2～2.5m，绝缘线为 1～1.5m；②在最大弧垂情况下垂直距离：架空裸导线为 1.5～2m，绝缘线为 0.8～1m。

3）一般缺陷。

a. 线路通道保护区内树木与导线距离：①在最大风偏情况下水平距离：架空裸导线为 2.5～3m，绝缘线为 1.5～2m；②在最大弧垂情况下垂直距离：架空裸导线为 2～2.5m，绝缘线为 1～1.5m。

b. 通道内有违章建筑、堆积物。

6. 防雷设施与接地装置类

（1）常见故障评级。

1）重大缺陷。

a. 避雷器试验不合格。

b. 装置损坏，且影响到线路安全运行。

c. 带复合绝缘子串联间隙型避雷器的避雷器本体或串联复合绝缘子局部温升在 5℃以上。

d. 避雷器导线侧脱落，对避雷器导线侧重新进行固定，必要时，对避雷器进行试验检验。

e. 避雷器计数器引线松脱，经评估影响线路安全运行。

2）一般缺陷。

a. 避雷器计数器拒动。

b. 装置损坏，但不影响线路安全运行。

c. 带复合绝缘子串联间隙型避雷器的避雷器本体或串联复合绝缘子局部温升为 3～5℃。

d. 避雷器计数器引线过长，将过长的引线绑扎在杆塔上或缩短引线长度。

e. 避雷器计数器引线松脱，经评估不影响安全运行。

（2）防雷设施与接地装置的常见异常表象。

1）防雷设施：脱落；腐蚀、锈蚀；损伤。

2）接地装置：损伤；电弧烧伤；锈蚀。

5.3 故 障 巡 检

故障巡视是指设备因发生了异常无法正常安全运行时，对设备进行的特殊巡视。故障巡检的目的是找出设备发生异常的故障点，通过抢修尽快恢复设备的正常运行，以及对故障原因进行分析，进一步采取防范措施，以达到设备的长期安全运行。

5.3.1 导地线巡检方式与要求

由于架空线路分布很广，又长期露天运行，所以经常会受到周围环境和大自然变化的影响，从而使架空线路在运行中发生各种各样的故障。当线路发生故障时，均应进行故障性巡视，必要时还需登杆检查。无人机巡检突出的优点是工作效率高，当线路发生故障时，高效、安全、迅速地到达故障点进行检查。以下内容为无人机导地线巡检方式提供指导，方便巡检人员更快、更安全地拍摄故障部位，为后期故障部位分析提供更准确的数据支持。

1. 云台角度与飞行方位的选取

（1）作业风险分析：导线巡检作业是难度较高的一项工作，导线发生跳闸后，重合闸成功的线路处于带电状态，受电磁干扰，无人机近距离巡检时随时可能转为姿态模式，无人机很有可能发生撞击导线坠毁的情况。

（2）飞行方位：无人机应位于导线的斜上方，垂直高度 1～2m，水平距离保持 2～4m。发生外部干扰时，无人机可从导线上方通过，而不会发生碰撞。

（3）云台角度：调整为 15°～45°，无人机的整体视角应相对导线呈俯视状态。无人机与导线距离示意如图 5-45 所示。

图 5-45　无人机与导线距离示意

2. 作业背景选取

（1）作业背景选取原因：对长期运行的线路，导线表面会出现氧化层，使得导线呈灰黑色，无人机在飞行过程中受背景干扰等因素影响，很可能丢失巡检目标，发生碰撞坠机事故。

（2）作业背景选取的基本原则：为便于捕捉目标，要保证有显眼的飞行参照物。在有条件的情况下应优先选取农田、鱼塘、树林等与导线颜色反差较大的景观作为飞行背景，而不应选择沥青马路、房屋建筑等颜色反差较小的景观作为飞行背景。

（3）全新导线特征明显，只需保证云台角度即可。新旧导线对比如图 5-46 所示。

(a)　　　　(b)

图 5-46　新旧导线对比

(a) 旧导线；(b) 新导线

3. 单相一档导线巡视注意事项

（1）机头朝向：无人机机头朝向应垂直于导线方向。

（2）水平移动速度：水平移动速度不应超过 3m/s，过快的移动速度容易错过故障点，且安全距离难以保持，易发生安全事故。

（3）安全距离：无人机与导线至少保持 2m 以上的安全距离，但距离不应大于 5m，否则部分微小的缺陷难以在平板监视器上发现。同时无人机与导线的垂直距离不应小于 1m。

（4）随时警惕无人机因受电磁干扰而转变为姿态模式，一旦出现相关提示，第一时间操作无人机后退，远离导线，待无人机稳定后再接近。巡线过程中无人机需保持与导线 2m 以上距离，巡线过程中无人机与导线距离如图 5-47 所示。

图 5-47　巡线过程中无人机与导线距离

（5）导线巡检过程中，注意力应保持高度集中，时刻注意调整无人机姿态，保持无人机与导线的相对距离。因无人机机头垂直于线路走向，当危险情况发生时，向后打方向操纵杆，即可快速远离设备。

5.3.2　绝缘子、跳线故障的巡检方式与要求

1. 悬垂绝缘子

（1）悬垂绝缘子雷击痕迹常见部位。

1）绝缘子串顶部（概率较大）：绝缘子串顶部伞群、绝缘子串挂点。

2）绝缘子底部（概率较大）：绝缘子底部伞群、绝缘子串底部均压环、悬垂线夹。

3）绝缘子串邻近导线以及防震锤（概率较小）。

4）故障相的下相横担（概率较小）。

绝缘子雷击痕迹部位示意图如图 5-48 所示，绝缘子不同位置雷击缺陷如图 5-49 所示。

图 5-48　绝缘子雷击痕迹部位示意图

图 5-49　绝缘子不同位置雷击缺陷

（a）位置一；（b）位置二；（c）位置三；（d）位置四

（2）巡检方法。

1）保持安全距离：应与设备保持 2m 以上安全距离，雷击痕迹如出现在伞群上较易发现。

2）巡线过程中需保持无人机与导线 2m 以上距离，巡线过程无人机与导线距离示意如图 5-50 所示。

图 5-50　巡线过程无人机与导线距离示意

3）巡检路径：由挂点开始，保持距离，垂直向下巡检绝缘子串本体、线夹等设备。然后从左至右巡检两侧导线、（导线作业范围：以绝缘子串为中心向两侧各延伸 10m）。巡线过程如图 5-51 所示（按图中箭头标示方向进行巡线）。

图 5-51　巡线过程

4）云台角度需根据现场背光情况调整，活动范围 0°～45°。

5）因绝缘子雷击属于重大事件，按照规定须马上进行汇报及更换。故在巡检过程中若发现明显的雷击故障点，可以随时终止剩余部分巡视。

进行悬垂绝缘子串巡检时，在拍照的黑屏过程中，务必要有将无人机向后拉的动作，以免发生碰撞事故。

2. 耐张串

（1）耐张串雷击常见部位。根据《南方电网设备标准缺陷知识库》记录，耐张串雷击常见部位有耐张线夹、玻璃绝缘子串、绝缘子串挂点、跳线、支撑绝缘子。

巡线过程中出现雷击点如图 5-52 所示。

图 5-52　巡线过程中出现雷击点

无人机应与线夹保持水平 2m、垂直 1m 的安全距离，无人机相对线夹呈俯视的视角。无人机完成线夹拍摄后，可继续对连板进行检查。巡线过程中无人机与导线、线夹距离示意如图 5-53 所示。

（2）耐张串绝缘子的巡视方法。

1）由于玻璃绝缘子绝缘电阻较大，耐张串一旦发生雷击，雷击痕迹不是十分明显，且闪络通道是沿电阻最低的路径前行，而这条路径可能由多片绝缘子的不同半面组成。因此无人机必须全方位拍摄绝缘子串的照片才能获取完整的放电通道。

图 5-53　巡线过程中无人机与导线、线夹距离示意

2）飞行方位：无人机应位于绝缘子上方 1m 的高度，视角呈俯视，云台角度可在 30°～90°，可以飞至绝缘子正上方垂直向下拍摄照片。

3）在巡检耐张串时，无人机可能受上相跳线负荷电流干扰而转换成姿态模式，一旦模式切换请立即拍照并离开绝缘子串。耐张串绝缘子的巡视示意如图 5-54 所示。

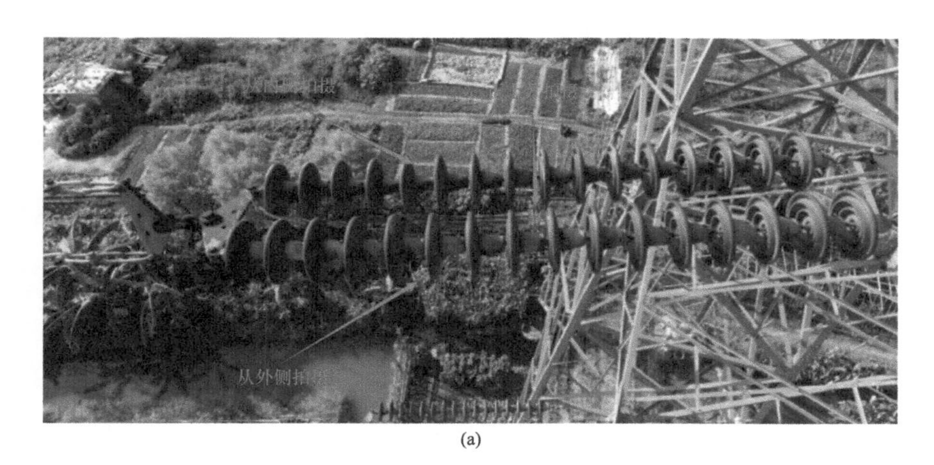

(a)

图 5-54　耐张串绝缘子的巡视示意（一）

（a）拍摄方位

(b)

图 5-54 耐张串绝缘子的巡视示意（二）

（b）无人机位置

3．跳线

（1）跳线常见故障部位。跳线常见故障部位有挂点、跳线底部、跳线顶部。

（2）跳线的巡视方法。无人机应位于跳线的斜上方，与跳线保持水平 2m、垂直 1m 的高度。巡视时切记不可穿越至跳线与绝缘子串组成的间隔之中去，否则无人机会受到横担与绝缘子串的遮挡，很有可能失去 GPS 信号而转入姿态模式，再加上气象条件的干扰，很可能发生坠机事故。在飞行过程中可适当旋转机头，调整机头与跳线之间的视角，全方位地巡检跳线。跳线巡检过程示意如图 5-55 所示（无人机按照图中箭头标示方向进行巡视）。

图 5-55 跳线巡检过程示意

5.3.3 飞行器与被测物体距离判定

按照预设每个玻璃绝缘子长度为 170mm、半径为 300mm 计算，通过调查发现 220kV 线路需要 14～16 片绝缘子，500kV 线路需要 28 片绝缘子。忽略绝缘子穿挂点所需重叠长度，则可以计算出 220kV 线路所需绝缘子长度约为 2.72m，500kV 线路所需绝缘子长度约为 4.76m。通过实地图像比对，当打开网格线及对角线后，图传区域被分为 9 块区域，此时可以看到，黄色长尺长度为 300mm，黑色方块宽度为 500mm，则可得出飞行器距离待测物体 1m 时，图传上每格宽度为 300mm，这一高度为无人机巡检时距离物体的最小距离。若飞行器再度接近导线或其他部件，则有可能会因为电磁干扰等使飞行器指南针数据错误，发生撞击导线坠毁的情况。

飞行器距离待测物体 0.5m、飞行器距离待测物体 1.0m、飞行器距离待测物体 1.5m 如图 5-56～图 5-58 所示。

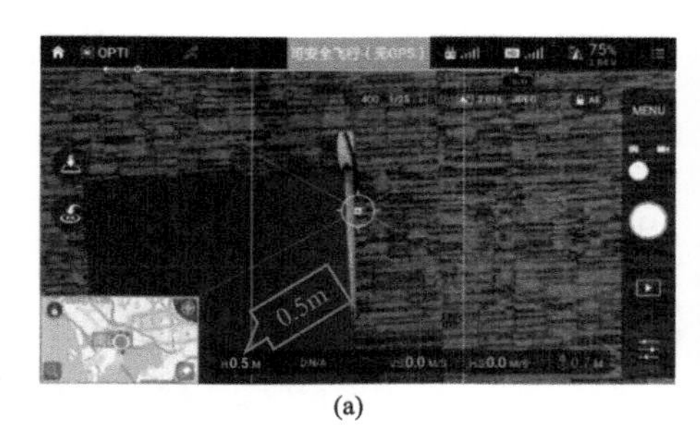

(a)

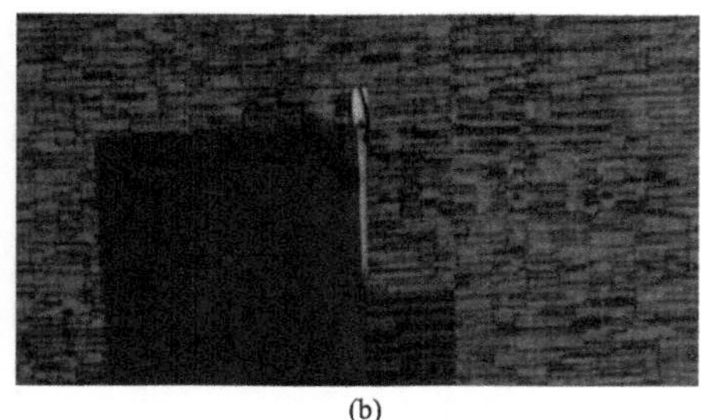

(b)

图 5-56 飞行器距离待测物体 0.5m

(a) 有参数；(b) 无参数

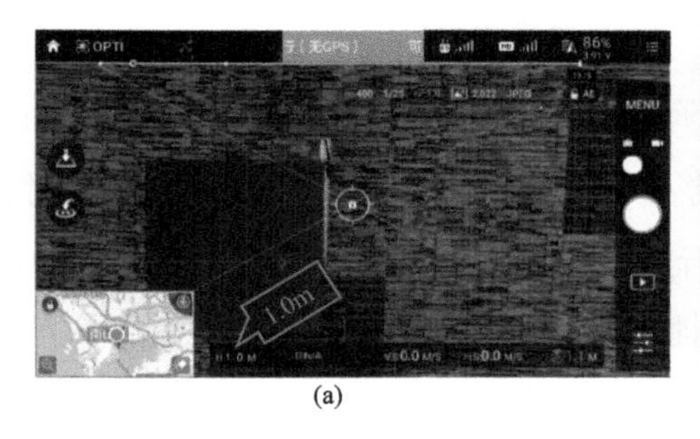

(a)

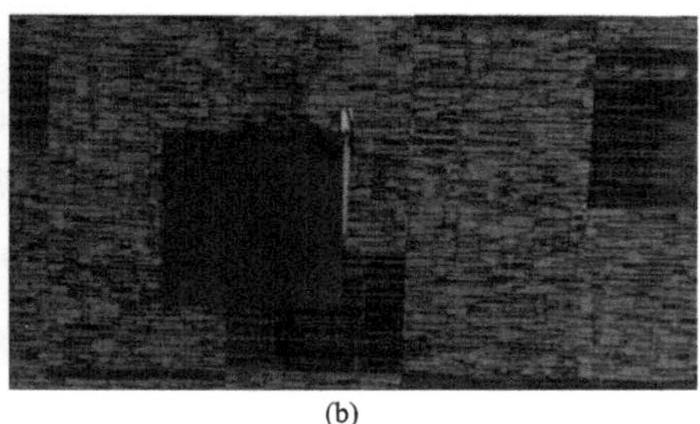

(b)

图 5-57 飞行器距离待测物体 1.0m

(a) 有参数；(b) 无参数

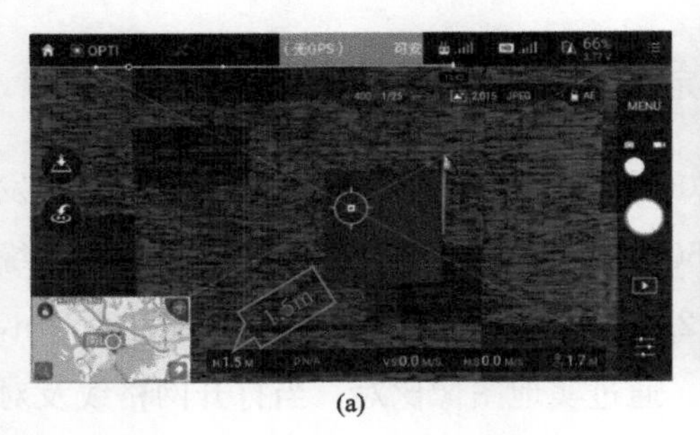

(a)

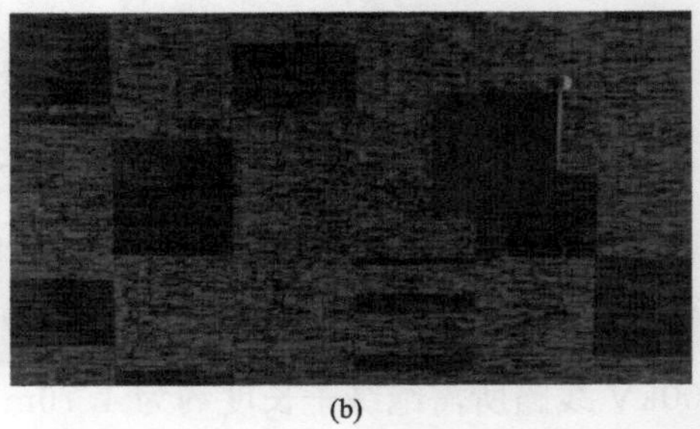

(b)

图 5-58　飞行器距离待测物体 1.5m

(a) 有参数；(b) 无参数

按照测量数据 220kV 线路共 16 个绝缘子，绝缘子长度 2.72m，需要拍摄绝缘子串且飞行器图传窗口完成 2.72m 长度拍摄需求时（两黑块同时在同一画面内），飞行器距离物品 2m。故在日常巡视过程中，巡视 220kV 线路全貌时，飞行器与待测物体距离均保持 2m 或更远，此时飞行器处于可拍摄全貌的极限位置，虽然飞行器此时处于安全飞行状态，但依然需要留意电磁干扰等使飞行器指南针数据错误，发生撞击导线坠毁的情况。飞行器距离待测物体 2m（拍摄物体长度 2.72m）如图 5-59 所示。

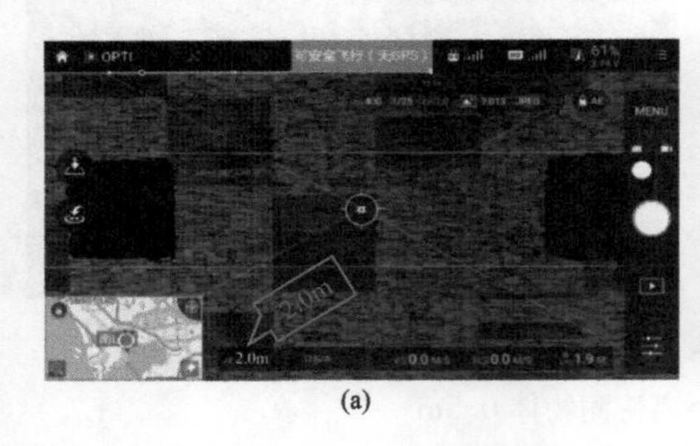

(a)

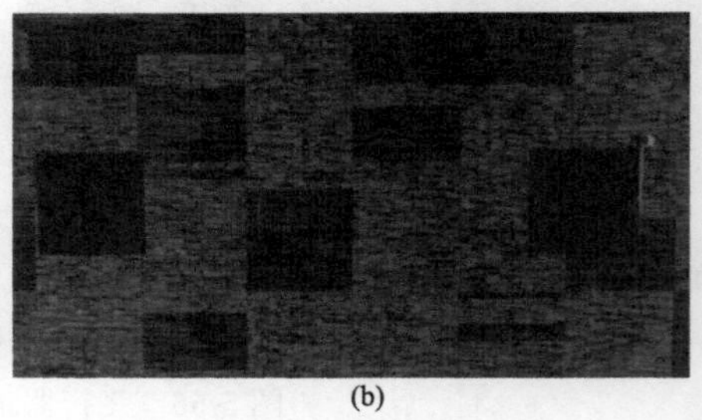

(b)

图 5-59　飞行器距离待测物体 2m（拍摄物体长度 2.72m）

(a) 有参数；(b) 无参数

按照测量数据 500kV 线路绝缘子个数增加至 28 个，绝缘子长度为 4.76m，当拍摄绝缘子串且飞行器图传窗口完成 4.76m 长度拍摄需求时（两黑块同时在同一画面内，两黑块相距 4.76m），飞行器距离物品 3m。故在日常巡视过程中，巡视 500kV 线路全貌时，飞行器与待测物体距离只需要保持 3m 或更远，即可拍摄绝缘子全貌，此时飞行器处于可拍摄全貌的极限位置，虽然飞行器此时处于安全飞行状态，但需要时刻监视图传窗口，注意无人机发生漂移进入电磁干扰区域引起的异常情况。飞行器距离待测物体 3.0m（拍摄物体长度 4.76m）如图 5-60 所示。

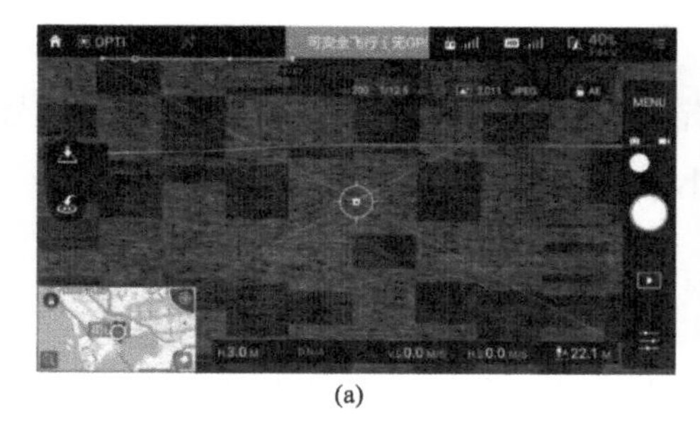

(a)

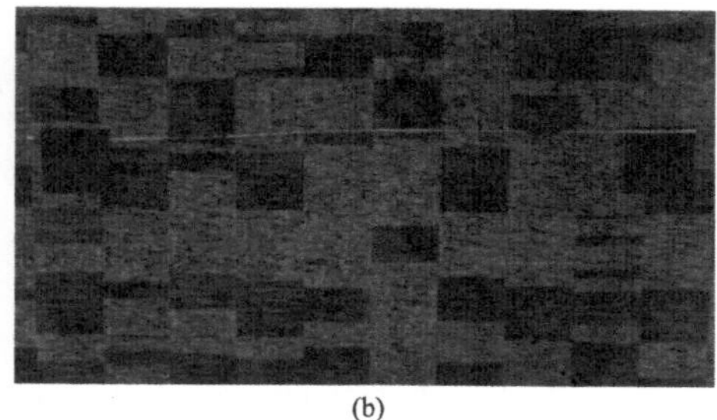

(b)

图 5-60　飞行器距离待测物体 3.0m（拍摄物体长度 4.76m）

（a）有参数；（b）无参数

飞行器距离与图传显示占比关系见表 5-1。

表 5-1　　　　　　飞行器距离与图传显示占比关系

距离飞行器距离（m）	被测物体长度（mm）	图传显示占比
0.5	300	2 倍单格宽度
1.0	300	1 倍单格宽度
1.5～3.5	300	0.5 倍单格宽度
2	2720	满屏幕
3	4760	满屏幕

5.4　缺　陷　命　名

5.4.1　通用定义

（1）线路方向位置。线路方向位置以线路双重命名来确定，起始变电站为送电侧，终止变电站为受电侧，面向大号是指面向终止变电站，杆塔大号侧是指在杆塔的终止变电站侧。

（2）导地线位置。导地线位置描述中的左（上）、中、右（下）是指面向线路运行方面的大号侧的左（上）、中、右（下）。为准确描述导地线缺陷位置，适当时应增加线路相位。

（3）子导线位置。双分裂导线按照中上下顺序排列，上侧为 1 号子导线，下侧为 2 号子导线；左右排列的，面向大号左侧为 1 号子导线，右侧为 2 号子导线。四分裂导线，面向大号左上为 1 号子导线，左下为 2 号子导线，右上为 3 号子导线，右下为 4 号子导线。

（4）基础位置。面向大号顺时针确定基础位置，小号左侧为 a. 基础，大号左侧为 b. 基础，大号右侧为 c. 基础，小号右侧为 d. 基础。

5.4.2 缺陷描述

缺陷描述要求严格按规定格式进行，严重及危急缺陷要求提供照片、录像，以确保缺陷描述的准确性。

（1）线路本体或附属设施缺陷。以国家电网有限公司为例，线路本体或附属设施缺陷描述一般采用“缺陷位置＋缺陷部件＋缺陷类别＋缺陷程度＋缺陷备注＋缺陷分级”的格式。如导线断股缺陷的标准描述格式为“×线×塔×相×号侧×m 处×子导线导线断股，断×股，其中有×股已下挂× m，［一般/严重/危急］缺陷”，其中“×线×塔×相×号侧× m 处×子导线”为缺陷位置、“导线”为缺陷部件、“断股”为缺陷类别、“断×股”为缺陷程度、“其中有×股已下挂×m”为缺陷备注、“［一般/严重/危急］缺陷”为缺陷分级。

1）缺陷位置指缺陷发生的位置，位置要求描述准确、清晰。

2）缺陷部件指缺陷发生的部件。

3）缺陷类别指基于缺陷部件发生的缺陷内容。

4）缺陷程度指缺陷的严重程度，可量化的必须使用量化数据表示。

5）缺陷备注指另外需要表述的缺陷的重要信息。

6）缺陷分级指按缺陷分级标准对缺陷的最终定性。

（2）外部隐患。外部隐患一般采用“隐患位置＋隐患分类＋隐患子类＋隐患程度＋隐患备注＋隐患分级”的格式，如档中建房隐患的标准描述格式为“×线×塔×号侧× m 处有施工隐患，建房，风偏不足，最大风偏时其值为× m，标准为× m，［一般/严重/危急］缺陷”，其中“×线×塔×号侧× m 处”为隐患位置、“施工隐患”为隐患分类、“建房”为隐患子类、“风偏不足”为隐患程度、“最大风偏时其值为× m，标准为× m”为隐患备注、“［一般/严重/危急］缺陷”为隐患分级。

1）隐患位置指隐患发生的位置，位置要求描述准确、清晰。

2）隐患分类指按隐患分类标准对隐患的分类描述。

3）隐患子类指基于隐患分类标准对隐患的细化描述。

4）隐患程度指隐患的严重程度，可量化的必须使用量化数据表示。

5）隐患备注指另外需要表述的隐患的重要信息。

6）隐患分级指按缺陷分级标准对隐患的最终定性。

5.5 日 常 巡 检

无人机巡检应坚持安全、高效、全面、快捷四大原则。巡检过程中发现，由于山林地势的原因，无人机往往无法到达地面对塔基等部位进行巡查，飞行高度过低也会增加飞行难度，对工作效率产生较为明显的影响。故在日常巡检中，无人机的巡检精度应与巡检人员地面巡视精度相近，以保证巡检效率，降低无人机巡检损耗。巡检中应按照以下要求进行日常巡检工作。

（1）飞行安全距离：日常巡视应与设备保持至少 8m 的安全距离，但最大距离不应超过 15m。

（2）长距离大跨度飞行过程中，遥控器天线务必指向无人机当前所在飞行方向。

（3）无人机的巡检路径：应以地线为参照开展档中线行巡视作业。

1. 无人机日常巡视的到位标准

飞行器起飞后，先让飞行器爬升至所巡检基塔高度以上至少 10m 处，再进行巡线工作。

（1）档中线行巡视到位标准：飞行器每飞行 100m 拍摄线行照片 2 张，拍摄照片应视野宽阔，全面反映线路运行环境。巡检速度不应超过 7m/s。若通过实时图传发现导、地线存在飘挂物、鼓包、散股等异常状况，应抵近进行近距离检查，检查方法参照导线故障巡视方法。

（2）杆塔巡视到位标准：每基杆塔的机巡图片不应少于 6 张。

第一张为杆塔的全貌，可以完整看到杆塔所处的环境。杆塔全貌如图 5-61 所示。

第二张照片为塔头照片，包含地线金具、防震锤、导线等设备。

第三张为巡检行进方向左侧绝缘子串的全貌，要求每一相绝缘子各拍一张照片，若线塔有上、中、下三相，则拍摄 3 张照片。A 相线全貌如图 5-62 所示。

图 5-61　杆塔全貌

图 5-62　A 相线全貌

第四张为飞行器从左侧飞往右侧时，抬升到塔顶后沿导线方向向下一塔拍摄的线行照片。

第五张为右侧绝缘子串的全貌，要求每一相绝缘子各拍 1 张照片，若线塔有上、中、下三相，则拍摄 3 张照片。B、C 相线全貌如图 5-63 所示。

(a)

(b)

图 5-63　B、C 相线全貌

(a) B 相；(b) C 相

第六张为所有回路检查完成后拍摄的塔基，用于进行塔牌、标示牌检查。巡检过程中如若发现异常，可采用查找雷击故障的抵近巡检法进行近距离检查。杆塔基础如图 5-64 所示。

图 5-64　杆塔基础

如若巡检塔附近有较高的树木遮挡、图传出现较明显的卡顿情况时，下相的拍摄可在中相拍摄完成后调节云台角度进行俯视拍摄。树木遮挡较多时调整云台即可拍摄基础，杆塔基础拍摄图如图 5-65 所示。

(a)

(b)

图 5-65　杆塔基础拍摄图

(a) 全貌；(b) 调整云台拍摄

线路类型与照片张数关系见表 5-2。

表 5-2　　线路类型与照片张数关系

线路类型	至少拍摄照片张数
单回双相	8
单回三相	9
双回双相	10
双回三相	12

2. 巡塔顺序

巡塔顺序遵循“从小到大、从左到右、从上到下”原则。

从小到大：按照铁塔牌号，从小号塔按顺序向大号塔方向巡检。

从左到右：按照铁塔侧方向，从小号侧观察基塔，分为左、右侧，飞行器需巡检完左侧地线、绝缘子等部件后，再巡检右侧部件。

从上到下：按照铁塔部件分布高度，巡检需要从基塔上方（地线）向下方（下相绝缘子）进行巡检。

5.6 精细化巡检

精细化巡检应有计划、分批次地开展，建议每个巡视周期中，对线路20%的杆塔进行抵近精细化巡视，每半年完成所巡线路的一次无人机精细化巡检作业。

5.6.1 无人机日常精细化巡检到位标准

飞行器起飞后，先让飞行器爬升至所巡检基塔高度以上至少10m处，再进行巡线工作。杆塔巡视到位标准：每基杆塔的机巡图片不应少于8张。

1. 直线塔

（1）首先拍摄杆塔的全貌。

（2）塔头部分应由至少2张照片组成，分别是两侧地线金具、防震锤。

（3）绝缘子串，每相悬垂绝缘子串应由至少2张照片组成（500kV以上由3张组成），分别是绝缘子全貌、绝缘子挂点、悬垂线夹。要求每一相绝缘子单独拍成一张照片，若线塔有上、中、下三相，则拍摄3套照片。

（4）线塔基础，拍摄数目与线路类型见表5-3。

表5-3　拍摄数目与线路类型

线路类型	至少拍摄照片张数
单回双相	10
单回三相	12
双回双相	14
双回三相	18

2. 耐张塔

（1）塔头部分同样是由1张照片组成。

（2）每相耐张串由至少 7 张照片组成。若电压等级少于 500kV，则全貌和绝缘子串可不需独立拍摄。耐张串拍摄照片示例如图 5-66 所示。

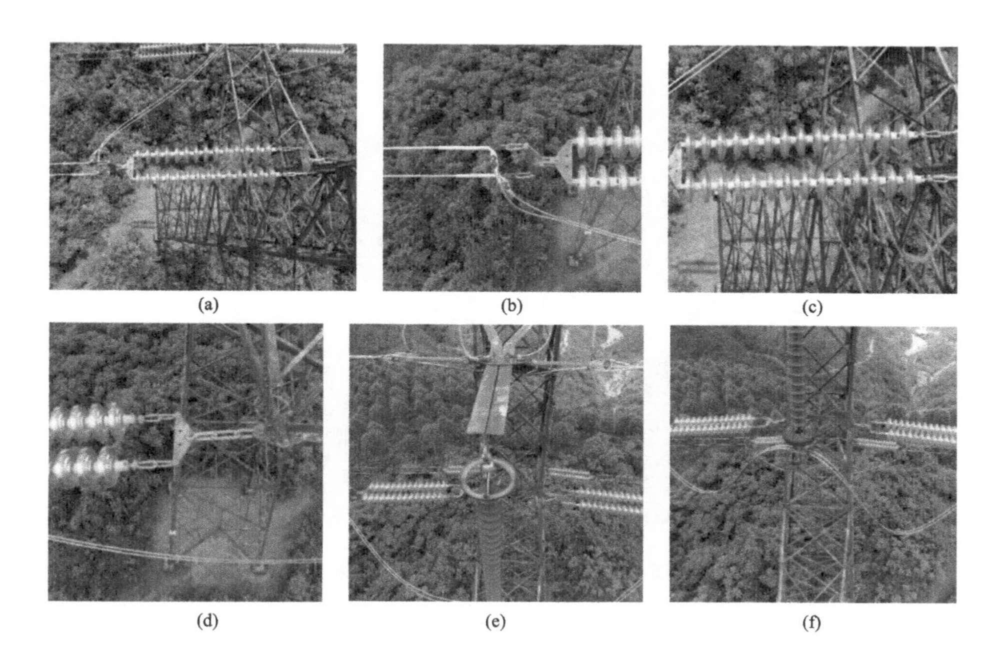

图 5-66 耐张串拍摄照片示例

（a）耐张串全貌；（b）大小号侧耐张线夹；（c）大小号侧玻璃绝缘子串；

（d）大小号侧绝缘串挂点；（e）大小号侧跳线绝缘串挂点；

（f）大小号侧跳线悬垂线夹

（3）所有回路检查完成后，拍摄塔基进行塔牌、标示牌检查。

（4）线塔基础，拍摄数目与线路类型见表 5-4。

表 5-4　　拍摄数目与线路类型

线路类型	至少拍摄照片张数
单回双相	14
单回三相	18
双回双相	22
双回三相	30

5.6.2　各塔型可见光数据采集要求

（1）单回直线塔，单回直线塔可见光数据采集如图 5-67 所示，按图中数字从大到小的顺序进行采集。

图 5-67　单回直线塔可见光数据采集

（2）单回耐张塔，单回耐张塔可见光数据采集如图 5-68 所示，按图中数字从大到小的顺序进行采集。

图 5-68　单回耐张塔可见光数据采集

（3）同塔双回直线塔（双回双巡方式），同塔双回直线塔可见光数据采集如图 5-69 所示，按图中数字从大到小的顺序进行采集。

（4）同塔双回耐张塔（双回双巡方式），同塔双回耐张塔可见光数据采集如图 5-70 所示，按图中数字从大到小的顺序进行采集。

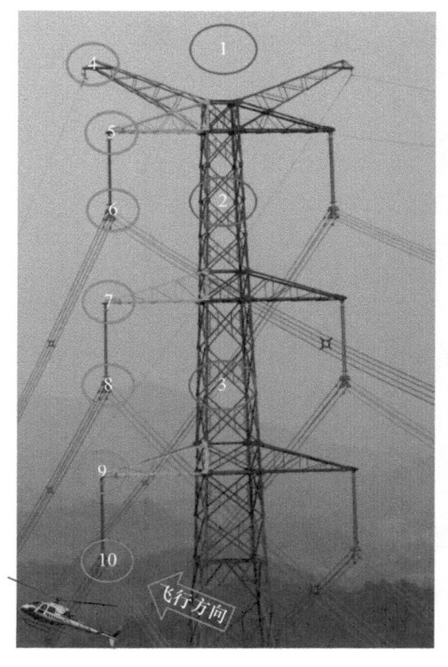

图 5-69　同塔双回直线塔可见光数据采集

图 5-70　同塔双回耐张塔可见光数据采集要求

（5）门型水泥杆塔，门型水泥杆塔可见光数据采集要求如图 5-71 所示，按照图中数字从大到小的顺序进行采集。

（6）架空转电缆终端塔，架空转电缆终端塔可见光数据采集要求如图 5-72 所示，按图中数字从大到小的顺序进行采集。

（7）直流直线塔，架空直流直线塔可见光数据采集要求如图 5-73 所示，按图中数字从大到小的顺序进行采集。

（8）直流耐张塔，架空直流耐张塔可见光数据采集要求如图 5-74 所示，按图中数字从大到小的顺序进行采集。

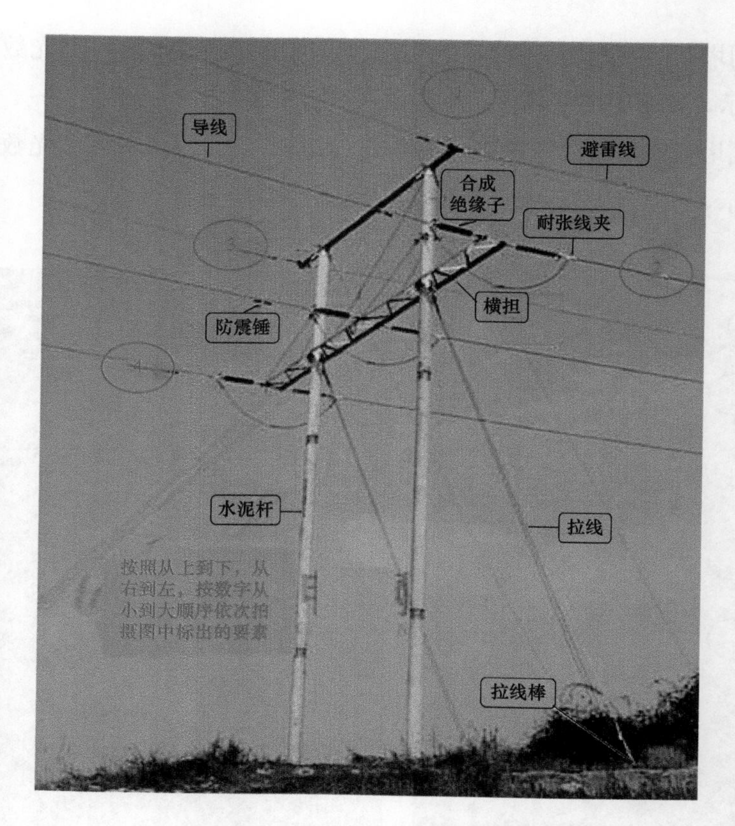

图 5-71 门型水泥杆塔可见光数据采集要求

图 5-72 架空转电缆终端塔可见光数据采集要求

图 5-73　架空直流直线塔可见光数据采集要求

图 5-74　架空直流耐张塔可见光数据采集要求

5.6.3 小内转角塔的巡检方式

具有内转角的塔种，如果角度比较大，大于 110°时，巡检方法与日常巡查绝缘子方法相同；转角角度较小的杆塔以耐张塔为主。耐张塔如图 5-75 所示。

图 5-75 耐张塔

若转角接近 90°时，飞行器在对其进行巡检时，应在等高度、距离夹角外至少 8m 以上的远处确定和调整好飞行高度以及航向等方位角度，且飞行器距待测物体高度保持至少 1m 以上。待确认无误后，再调整飞行器以平移的姿态切入待检部件上方，迅速拍摄与巡查，待巡查完毕后，迅速把飞行器往后拉回即可。尽量保证飞行器直入直出，避免在干扰源上方进行航向调整。无人机小转角杆塔巡检方式示意如图 5-76 所示。

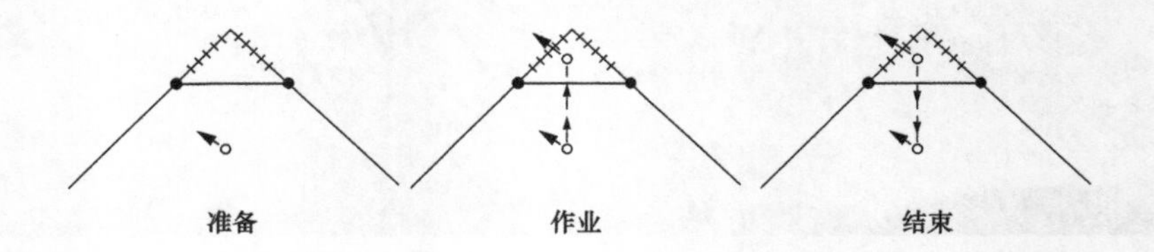

图 5-76 无人机小转角杆塔巡检方式示意图

巡检较小转角塔线路时，飞行器需要保持与非目标侧带电设备 3m 以上的安全距离。在平移过程中，若发现飞行器警告磁罗盘等错误时，需迅速后退，远离干扰源。由于距离较近时对飞行器的干扰较大，飞行器容易在转入姿态模式后被风吹走，导致撞塔事故，对操作员的应急反应要求较高，故此作业需对天气做出要求，5m/s 及以上的风速不建议进行这个操作。

5.6.4 无人机图像及视频采集标准

小型无人机开展本体精细化巡检时，其图像采集内容包括杆塔及基础各部位、导地线、附属设施、大小号侧通道等。采集的图像应清晰、可准确辨识销钉级缺陷、拍摄角度合理。无人机图像采集标准见表 5-5。

表 5-5　　无人机图像采集标准

序号	采集部位	图像示例	拍摄要求	应能反映的缺陷内容
1	塔（杆）标识标牌		拍摄杆塔所有标识标牌（可多块在同一张照片，也可单独拍摄）	标识标牌缺失、损坏、字迹或颜色不清、严重锈蚀等
2	基面及塔腿		从 A-B、B-C、C-D、D-A 四个面分别拍摄基面及塔腿全貌	回填土下沉或缺土、水淹、冻胀、堆积杂物；基础破损、酥松、裂纹、露筋、下沉、上拔、保护帽破损；接地引下线断裂、松脱、严重锈蚀外露、雷电烧痕；防洪、排水、基础保护设施坍塌、淤堵、破损等
3	塔头		从线路大、小号侧分别拍摄塔头全貌	塔材及地线支架明显变形和受损、塔材缺失、严重锈蚀、导地线掉串掉线、悬挂异物等

续表

序号	采集部位	图像示例	拍摄要求	应能反映的缺陷内容
4	塔身		整体或分段拍摄 A-B、B-C、C-D、D-A 四个面全貌（不同面可分别拍摄，也可多面拍摄一张照片）	塔材明显变形、受损和缺失；严重锈蚀、悬挂异物等
5	全塔		从大、小号侧分别拍摄杆塔全貌	主材明显变形、杆塔倾斜悬挂异物、导地线掉串掉线等
6	每串绝缘子串 绝缘子串导线端 耐张串		近似垂直导线方向上、下、左、右分别拍摄；每张照片均应包括所有线夹、金具螺栓，且每串不少于两片绝缘子	导线从线夹抽出；线夹断裂裂纹、磨损；螺栓及螺帽松动、缺失；连接板、连接环调整板损伤、裂纹；销钉脱落或严重锈蚀；均压环、屏蔽环脱落、断裂、烧伤；绝缘子弹簧销缺损，钢帽裂纹、断裂，钢脚严重锈蚀或破损等

续表

序号	采集部位			图像示例	拍摄要求	应能反映的缺陷内容
6	每串绝缘子串	绝缘子串导线端	悬垂串		近似垂直导线方向上、下、左、右分别拍摄；每张照片均应包括所有线夹、金具、螺栓，且每串不少于两片绝缘子	导线滑移；线夹断裂、裂纹磨损；螺栓及螺帽松动、缺失；连接板、连接环、调整板损伤、裂纹销钉脱落或严重锈蚀；均压环、屏蔽环脱落、断裂、烧伤；绝缘子弹簧销缺损，钢帽裂纹、断裂钢脚严重锈蚀或破损等
		绝缘子串挂点	耐张串		近似垂直导线方向上、下、左、右分别拍摄；每张照片均应包括所有线夹、金具螺栓、挂点塔材，且每串不少两片绝缘子	螺栓及螺帽松动、缺失；连接板、连接环调整板损伤、裂纹；销钉脱落或严重锈蚀；挂点塔材变形；绝缘子弹簧销缺损，钢帽裂纹、断裂，钢脚严重锈蚀或破损等
			悬垂串		近似垂直导线方向上、下、左、右分别拍摄；每张照片均应包括所有线夹、金具螺栓、挂点塔材，且每串不少于两片绝缘子	螺栓及螺帽松动、缺失；连接板、连接环调整板损伤、裂纹；销钉脱落或严重锈蚀；挂点塔材变形；绝缘子弹簧销缺损，钢帽裂纹、断裂，钢脚严重锈蚀或破损等
		绝缘子整串	耐张串		近似垂直导线方向上、下、左、右分别拍摄；每张照片均应包括整个绝缘子串	伞裙破损、严重污秽、有放电痕迹；弹簧销缺损；钢帽裂纹、断裂；钢脚严重锈蚀或破损；绝缘子串顺线路方向倾斜角过大；绝缘子自爆等

续表

序号	采集部位			图像示例	拍摄要求	应能反映的缺陷内容
6	每串绝缘子串	绝缘子整串	悬垂串		近似垂直导线方向左、右分别拍摄；每张照片均应包括整个绝缘子串	伞裙破损、严重污秽、有放电痕迹；弹簧销缺损；钢帽裂纹、断裂；钢脚严重锈蚀或破损；绝缘子串顺线路方向倾斜角过大；绝缘子自爆
7	每串地线或光纤金具串	耐张串			近似垂直地线方向内、外两侧分别拍摄；拍摄内容应包括整个金具串及连接的地线、塔材	地线从线夹抽出；线夹断裂裂纹、磨损；螺栓及螺帽松动、缺失；连接板、连接环、调整板损伤、裂纹；销钉脱落或严重锈蚀、连接点塔材变形等
		直线串			近似垂直地线方向内、外两侧分别拍摄；每张照片均应包括整个金具串及连接的地线、塔材	地线滑移；线夹断裂、裂纹磨损；螺栓及螺帽松动、缺失；连接板、连接环、调整板损伤、裂纹；销钉脱落或严重锈蚀、连接点塔材变形等
8	每根引流线				近似垂直线路方向内、外两侧分别拍摄；每个方向可多张拍摄或只拍一张；每个方向拍摄的内容汇总后应包括引流线两端线夹及之间的所有导线	引流线松股、散股、断股、表层受损、断线、放电烧伤；分裂导线扭绞，间隔棒松脱、变形或离位等

续表

序号	采集部位	图像示例	拍摄要求	应能反映的缺陷内容
9	每处防震锤		近似垂直线路方向内、外两侧分别拍摄；每个方向可多张拍摄或只拍一张；每个方向拍摄的内容汇总后应包括所有防震锤	防震锤跑位、脱落、严重锈蚀、阻尼线变形、烧伤等
10	每相导线（地线、OPGW）		至少从两个方向分段拍摄，每相拍摄内容汇总后应包括整根导线（地线、OPGW）及所有间隔棒	散股、断股、损伤、断线、放电烧伤、悬挂漂浮物、严重锈蚀；分裂导线扭绞、覆冰；间隔棒松脱、变形或离位等
11	每个附属设施		附属设施包括各种防雷、防鸟、在线监测装置；每个附属设施至少从两个方向拍摄全貌	防雷设置破损、变形，引线松脱，螺栓松脱，销钉脱落或严重锈蚀，烧伤，计数器动作情况等；防鸟装置缺失、破损、变形，螺栓松脱，销钉脱落或严重锈蚀等；在线监测装置外观损坏，引线松脱，螺栓松脱、销钉脱落等
12	大小号侧通道		从本基杆塔下相导线侧面分别拍摄大、小号侧顺线路方向分别至下一基杆塔的通道整体情况	通道内建（构）筑物、鱼塘、水库、农田、树木生长、施工作业情况；周边及跨越的电力及通信线路、道路、铁路、索道、管道情况；地质情况等

5.7 线 路 验 收

伴随着部分地区经济跨越式发展，电网的建设投资不断增加，输电线路新建、改建、迁移的工程越来越多，验收任务也日益繁重。线路运行人员的主要精力放在巡视维护和危险源点动态巡视工作中，线路验收工作流于形式，但线路验收过程的危险性与日常巡检无异，且从巡检要求上来说需要检查的部位较多。线路验收内容与标准见表5-6，在使用精细化巡检的方式对新建工程进行具有选择性的巡查时，可参照表5-6相关内容，以确保验收模式的简洁、方便与高效。

表5-6　　线路验收内容及标准

项目	项次	验收内容	验收标准	备注
杆塔工程	1	塔材部件规格、数量齐全	规格符合设计要求	
	2	螺栓防松	符合设计要求，无遗漏	
	3	脚步钉检查	齐全、紧固	
	4	塔材及横担构件的镀锌检查	锌层厚度满足要求，光亮整洁	
	5	杆塔上的固定标志	工程移交时，杆塔上应有下列固定标志：杆塔号及线路名称、代号；线路色标及相序标志；高塔上按设计规定装设的航行障碍标志	未安装则暂不验收
架线工程	1	导地线表面、外观检查	无明显损伤之处，无松股、锈蚀、腐蚀、断股等现象	
	2	接续管、补修管数量	每档每线只许有1个接续管、3个补修管（张力放线2个）	
	3	接续管及耐张线夹外观检查	1）曲度不得大于2%，明显弯曲时应校直，校直后连接管严禁有裂纹，序号验收项目的验收标准、验收结果达不到规定时应割断重接； 2）持续管及耐张线夹压接后锌皮脱落时应涂防锈漆	
	4	压接管与线夹、间隔棒的间距	1）各类管与耐张线夹间的距离不应小于15m； 2）接续管或补修管与悬垂线夹的距离不应小于5m； 3）接续管或补修管与间隔棒的距离不宜小于0.5m	

续表

项目	项次	验收内容	验收标准	备注
架线工程	5	地线接地情况	满足设计要求	临时接地线需注明
	6	金具及其他器材的外观检查	满足设计要求，无局部碰损、剥落或缺锌	
	7	开口销、弹簧销及其穿向	齐全，开口、穿向统一	
	8	屏蔽环、均压环绝缘间隙	地线、屏蔽环绝缘间隙是否够大	
	9	绝缘子检查	干净、无损伤	
	10	绝缘子串倾斜	悬垂线夹安装后绝缘子串垂直地平面，个别情况其顺线路方向与垂直位置的偏移角不应超过 5°，且最大偏移值不应超过200mm	
	11	铝包带缠绕	紧密，绕向与外层铝股绞向一致，出口不超过 10mm，端头回夹于线夹内压住	
	12	防震锤检查	应与地面垂直	
	13	间隔棒检查	间隔棒结构面与导线垂直，安装应保证位置正确，杆塔两侧第一个间隔棒安装距离偏差不应大于次档距，各相间隔棒安装位置应相互一致	
	14	跳线及连接板、并沟线夹、引流板的连接	跳线曲线平滑美观、无歪扭，螺栓紧固	
	15	交叉跨越和对地距离	满足设计要求	
	16	合成绝缘子均压环放电极方向	边导线：垂直导线向外；中间导线：垂直导线向右（面向大号侧）	
	17	线路防护区内违章建筑情况	110kV：≤4m；220～500kV：≤5m 必须清拆	
附件安装	1	连接金具	无锈蚀、腐蚀等现象	
	2	销子及弹簧销	符合规定	
	3	均压环	符合规定	
	4	绝缘子外观检查	无裂纹、破损等痕迹	
	5	绝缘子串倾斜度	小于 5°，且最大偏移值不大于 200mm	
	6	跳线安装	顺畅自然，接触良好，无过热、扭曲现象	
其他	1	杆塔号牌、标示牌、相序牌	齐全	未安装则不用
	2	线路防护区巡线通道	符合《电力设施保护条例》	
	3	杆塔固定标志	满足设计要求和运行要求	
	4	临时接地线	已拆除	

线路验收过程的细节需求有以下内容。

1. 杆塔本体拍摄

(1) 拍摄时，应多角度拍摄，确保拍到螺帽及销钉部位。

(2) 拍摄瞬间必须有后拉动作，将飞机迅速往后拉，远离设备。

2. 导地线拍摄录像

(1) 对导地线拍摄 2.7k 超清录像，根据光照条件及导线型号调整水平飞行速度，但不宜超过 4m/s。

(2) 飞行器跟随导地线起伏并保持距离 5m。

(3) 间隔棒及接续管、补修管应靠近到 1～3m 的位置，双面分别悬停拍摄。

3. 杆塔横担及挂点检查

(1) 部件规格、数量：数量齐全，规格符合设计要求。

(2) 螺栓连接齐全、拧紧，单螺帽螺杆伸出螺母长度 2 扣丝牙以上。

(3) 螺栓与构件面接触及出扣，螺杆与构件面垂直，螺栓头平面与构件无空隙。螺杆露出长度：单螺母不小于两螺距，双螺母可与螺母相平，必须加垫片者每端不宜超过两螺距。

(4) 立体结构螺栓穿入方向：水平方向由内向外，垂直方向由下向上；平面结构螺栓穿入方向：顺线路方向由送电侧或统一方向，横线路方向两侧由内向外，中间由左向右。

(5) 螺栓防盗及防松符合设计要求，无遗漏。

(6) 塔材及横担构件的锌层厚度满足要求，光亮整洁。

4. 导地线检查

(1) 导地线数量齐全，规格符合设计要求。

(2) 导地线表面、外观无明显损伤之处，无松股、锈蚀、腐蚀、断股等现象。

(3) 接续管、补修管数量：每档每线只许有 1 个接续管、3 个补修管（张力放线 2 个）。

(4) 接续管及耐张线夹曲度不得大于 2%，明显弯曲时应校直，校直后连接管严禁有裂纹，达不到规定时应割断重接。

(5) 接续管及耐张线夹压接后锌皮脱落时，应涂防锈漆。

(6) 目测压接管与线夹、间隔棒的间距与耐张线夹间的距离不应小于 15m，与悬垂线夹的距离不应小于5m，与间隔棒的距离不宜小于0.5m。

（7）地线接地情况应满足设计要求。

（8）跳线曲线安装应平滑美观、无歪扭，并沟线夹、引流板的连接螺栓应紧固。

（9）跳线及带电体对杆塔的电气间隙应满足设计要求。

（10）合成绝缘子均压环放电极方向：对边导线，垂直导线向外；对中间导线，垂直导线向右（面向大号侧）。

5. 绝缘子及金具检查

（1）绝缘子、金具及其他器材的规格、数量、质量、外观应满足设计要求，无局部碰损、剥落或缺锌。

（2）开口销、弹簧销及其穿向应齐全，开口、穿向统一。

（3）目测屏蔽环、均压环绝缘间隙允许误差为±10mm。

（4）绝缘子干净、无损。

（5）目测悬垂线夹安装后绝缘子串垂直地平面，个别情况其顺线路方向与垂直位置的偏移角不应超过5°，且最大偏移值不应超过200mm。

（6）铝包带缠绕紧密，绕向与外层铝股绞向一致，出口不超过10mm，端头回夹于线夹内压住。

（7）防震锤应与地面垂直。

（8）间隔棒结构面与导线垂直，各相间隔棒安装位置应相互一致。

（9）连接金具无锈蚀、腐蚀、倒接等现象。

（10）销子及弹簧销方向、尺寸符合规定。

（11）绝缘子均压环的开口、安装位置、方向符合规定。

（12）绝缘子外观无裂纹、破损等痕迹。

6. 通信光缆及线路辅助设施检查

（1）通信光缆安装符合设计要求。

（2）光缆连接金具无明显变形、损伤。

（3）杆塔号牌、标示牌、警示牌、相序牌等齐全，安装位置正确。

（4）线路避雷装置安装位置合理，符合规范要求。

（5）防鸟装置安装位置合理，符合规范要求。

（6）在线监测装置安装位置合理，符合规范要求。

5.8 输电线路无人机红外测温

5.8.1 基础知识

1800 年英国天文学家威·赫谢耳（W. Herschel）在研究太阳光谱的热效应的时候发现，产生热效应最大的位置在可见光谱的红端以外（光谱中红端以外的线简称红外线），从而首先发现了太阳光谱中还包含看不见的辐射能。

通过红外线热成像相机能看到黑暗中的物体（无论有或没有光照，甚至完全无光）、温度的冷热显示和信号发射位置、完全透明的气体、阻隔物后面的物体、检测材料中的不规则物体、薄雾和烟雾后的人或物品。

1. 工作原理及类型

现代红外热像仪的工作原理是使用光电设备来检测和测量辐射，并在辐射与表面温度之间建立联系。所有高于绝对零度（−273℃）的物体都会发出红外辐射。

红外热像仪利用红外探测器和光学成像物镜接受被测目标的红外辐射能量分布图形，并将其反映到红外探测器的光敏元件上，从而获得红外热像图，这种热像图与物体表面的热分布场相对应。通俗地讲，红外热像仪就是将物体发出的不可见红外能量转变为可见的热图像。热图像上面的不同颜色代表被测物体的不同温度，通过查看热图像，可以观察到被测目标的整体温度分布状况，研究目标的发热情况，从而进行下一步工作的判断。

红外成像效果对比如图 5-77 所示。

可见光成像

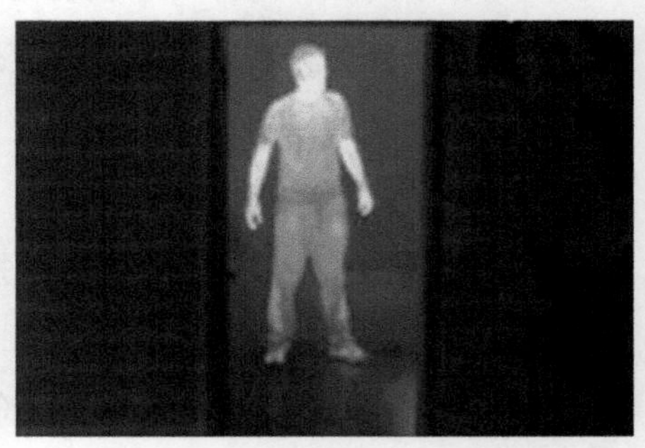

红外成像

图 5-77　红外成像效果对比

2. 材料反射率差异

即使所处环境温度相同，由于物体各部分材料的辐射发射率不同，红外热图像呈现的颜色也会不同。可见光下不同材料的颜色差异如图 5-78 所示。

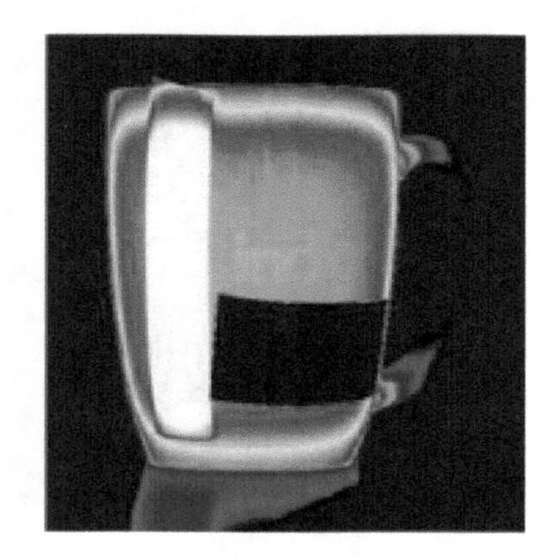

图 5-78　可见光下不同材料的颜色差异

3. 热成像技术的应用

在以下环境中，热成像相机相对可见光相机来说，无论是使用环境还是物体可见性都有较好的适应性。

（1）夜间人工照明成本较高或效果不理想的情况。红外成像的夜视功能如图 5-79 所示。

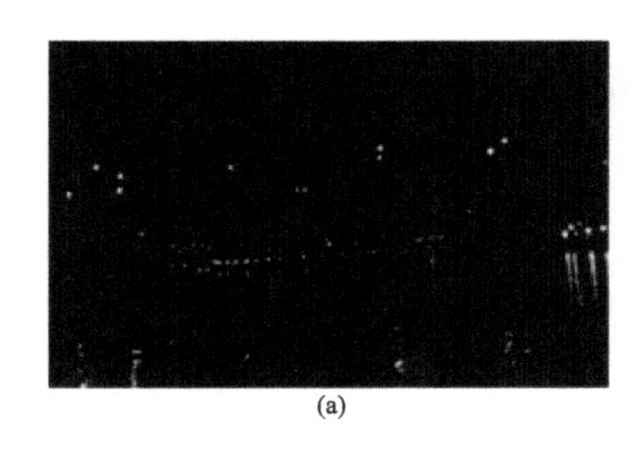

(a)

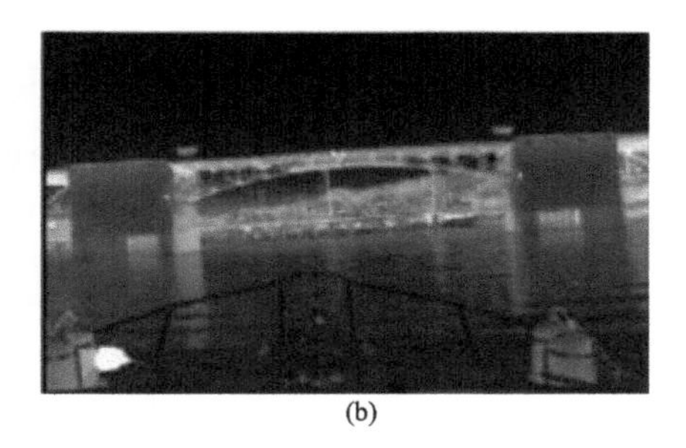

(b)

图 5-79　红外成像的夜视功能

（a）普通夜间拍摄效果；（b）红外成像效果

（2）对重要场所或贵重设施进行大范围监视而无法使用照明设备的情况。利用红外成像技术调查工业区排污情况如图 5-80 所示。

（3）烟雾、灰尘等恶劣场景。红外热成像技术具有较高的烟雾穿透性，烟雾场景的红外热成像如图 5-81 所示。

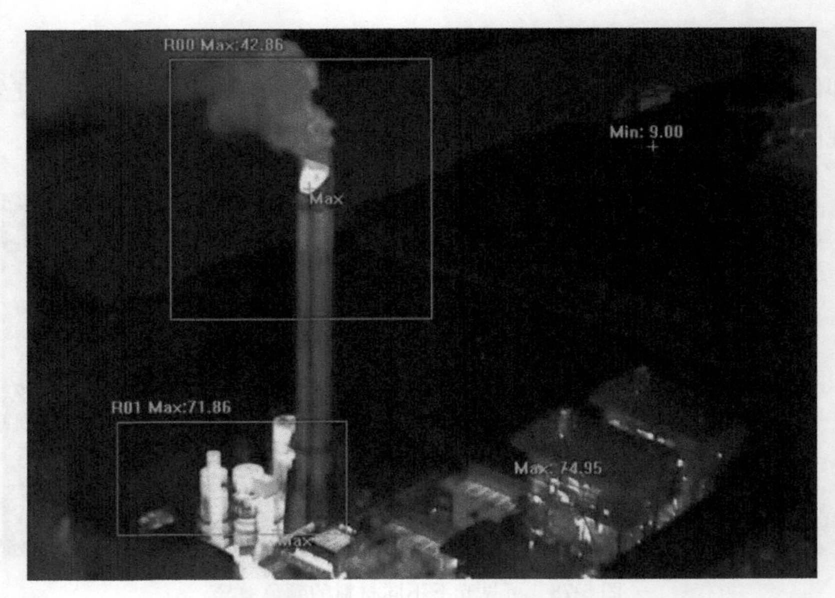

图 5-80　利用红外成像技术调查工业区排污情况

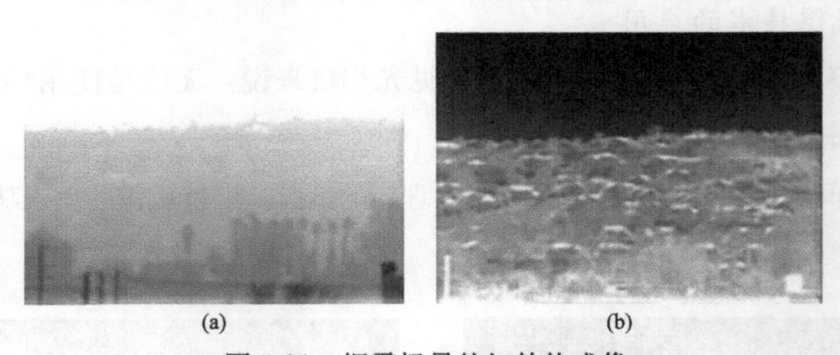

(a)　(b)

图 5-81　烟雾场景的红外热成像

(a) 烟雾场景全貌；(b) 红外成像

4. 应用场景

应用场景及功能见表 5-7。

表 5-7　　应用场景及功能

应用场景	功能使用
公安	搜索目标、抓捕等
消防	着火点查找、火情勘测等
电力	故障点查找等
环保	排放监控等

使用红外热像仪对设备进行测温是无损、非接触检测设备的技术手段。在设备带电运行时，使用红外热像仪测温可以发现其他监测手段无法发现的热缺陷，

减少故障导致的非计划停运时间，具有超前诊断等优点，因此在电力行业被逐步推广应用。下面是部分常见的需要进行红外热成像产品检查的电力设施。

（1）发电设备：发电机、汽轮机、送风机、给水泵、高低压加热器等。

（2）变电设备：变压器、电抗器、电流互感器、电压互感器、隔离开关和接地开关、电容器、避雷器、接地装置、串联补偿装置、变电站设备外绝缘及绝缘子等。

（3）输电设备：电力电缆、套管、金具、绝缘子、导线接头等。

（4）配电设备：断路器、电缆终端、穿盘套管、引线接头、低压刀闸等。

（5）配电柜异常检测：负荷开关、接触器、熔断器、接线端子等。

5.8.2 作业装备选择

红外测温镜头属于价值较高的装备，为了保障飞行安全，尽量避免电磁干扰，建议为无人机红外测温仪配置 19mm 的镜头，可见光相机保持正常焦距（3mm 左右）。红外测温镜头用于判断无人机与线路的安全距离。大疆创新 M210 RTK 及 XT2 红外相机如图 5-82 所示。

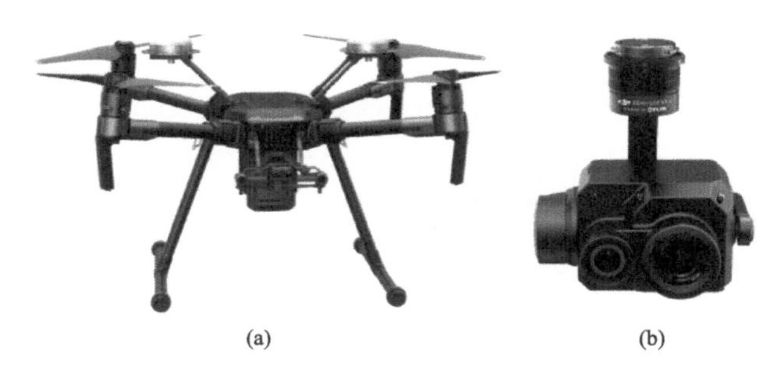

(a) (b)

图 5-82 大疆创新 M210 RTK 及 XT2 红外相机

（a）M210 RTK；（b）XT2 红外相机

5.8.3 飞行方位

无人机应位于被测设备的下方，垂直高度 2～3m，水平距离保持 5～8m。红外设备巡检的飞行方位如图 5-83 所示。

5.8.4 云台角度

云台上仰 15°～25°，获取背景单一的红外视图，避免背景干扰红外诊断。

图 5-83　红外设备巡检的飞行方位

红外设备巡检使用仰视可获得单一背景视图，仰视拍摄如图 5-84 所示。

图 5-84　仰视拍摄

5.8.5　测温过程中姿态微调

（1）调整无人机的飞行方位，保证被测设备位于视图的正中央。

（2）在进行直线串绝缘子测温过程中，为了避免塔材背景的干扰，保证温度测量的准确性，应适当调整无人机相对被测设备的方位与角度，使绝缘子串以天空为背景。单一背景视图便于进行数据分析，背景视图对比如图 5-85 所示。

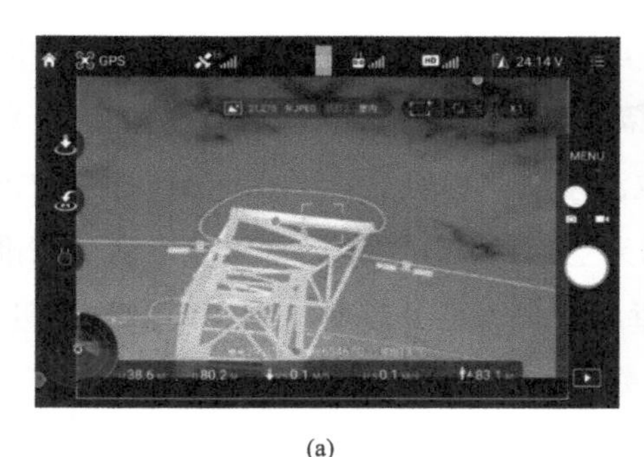

(a)

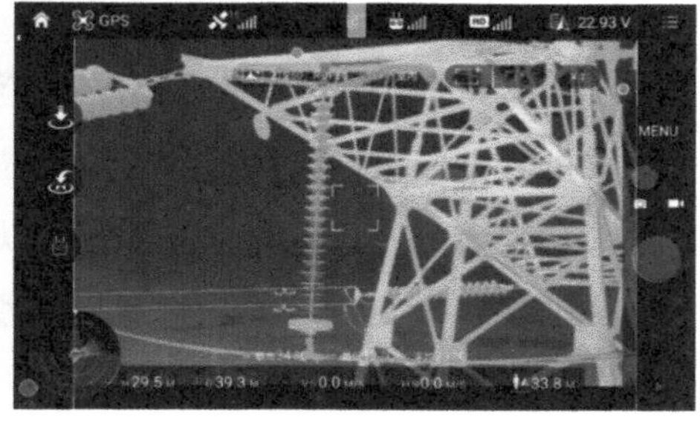

(b)

图 5-85　背景视图对比

(a) 非单一背景；(b) 单一背景

测量角度不佳，缺陷查找难度将加大，如图 5-85 中线路旁其他热源会干扰最高温的定位。并且复杂的背景会影响后续的温度分析，同时亦会导致缺陷点的漏判或误判。

地面辐射温度数据干扰测温精度如图 5-86 所示。

图 5-86　地面辐射温度数据干扰测温精度

5.8.6　飞行过程中的注意事项

飞行过程中，在起飞至相应需要检查的部位前可使用可见光相机引航，接近设备至 5～8m 时，操作无人机至被测设备的下方，切换红外信号通道进行巡检作业，向上调节云台使其俯仰。由于可见光相机云台与红外云台挂载时有方位差，因此需根据实际视图调整无人机方位，使被测设备位于视图正中央。巡检时由于测温设备可远距离测温，故其安全距离足够时可直接降低无人机的高度，对垂直方向的其他设备进行测量，常见部位温差缺陷等级见表 5-8。飞行过程中需随时注意调整无人机方位，让设备尽量以天空为背景，防止设备重叠对测温精准度造成影响。巡检 500kV 线路时，若悬垂串过长，可分段对绝缘子串进行测量。短长焦距镜头搭配能有效减低贴近风险，短长焦距镜头搭配测量如图 5-87 所示。

图 5-87　短长焦距镜头搭配测量

表 5-8　　常见部位温差缺陷等级

缺陷部位	缺陷表象	严重等级
金具本体	接续金具、跳线联板温度高于相邻导线温度 5～15℃；相对温差 35%～80%，且温升大于 15℃	一般
	接续金具、跳线联板温度 90～130℃；高于相邻导线温度 15～40℃；相对温差 80%～95%，且温升大于 15℃	重大
	接续金具、跳线联板温度 130℃以上；高于相邻导线温度 40℃以上；相对温差 95%以上，且温升大于 15℃	紧急
部件发热	复合绝缘子局部温升超过 0.5～1℃	其他
	复合绝缘子局部温升为 1～3℃	一般
	复合绝缘子局部温升为 3～5℃	重大
	复合绝缘子局部温升大于 5℃	紧急

注　温度数据的分析依据南方电网公司发布的《输电设备缺陷标准库　运行分册》，分析软件为 flir tools。

5.9 施工黑点专项巡视作业

对施工周期长、涉及线路较长的外部施工工地，可视情况定期开展施工黑点专项巡视作业，宏观掌握黑点施工进度，把握风险管控的关键区段，有侧重点、有针对性地开展运维工作。

5.9.1 输电线路施工黑点全景图采集

1. 输电线路施工黑点全景图采集点选取原则

（1）为了拍摄到杆塔全貌及杆塔周围的施工情况，单个采集点选取在以杆塔为中心 20m 的范围内，且该点的高度大于杆塔塔高。

（2）对跨越一档的施工黑点，至少在小号杆塔的小号侧、线路档中、大号杆塔的大号侧分别选取一个采集点。

（3）对跨越多档的施工黑点，参考第二个原则相应增加采集点。

（4）注意天气，风速太大会使飞机位置飘忽不定，拍出来的照片就无法进行完整的拼接。

2. 采集方法

（1）飞行器悬停在空中后，调出网格，首先水平拍摄一组照片，拍摄照片要求一张照片与另一照片重合度不少于 40%。使用网格拍照时，保持下一张照片的左侧（右侧）与上一张的右侧（左侧）保持 3 格画面的重合，即每转动约 30°拍一张照片，拍摄照片 6～8 张。拍摄过程中保持飞行器处于悬停状态，切勿拨动飞行器航向外的其余杆量，以免飞行器发生位移影响拼接效果。

（2）水平拍摄完成后，云台向下俯视 45°后重复水平拍摄步骤拍摄一组照片。

（3）最后飞行器云台调节至 90°垂直拍摄地面照片。

数据采集工作完成后，同一地点的全景图采集应达到 17～30 张。全景拍摄张数及方位如图 5-88 所示。

5.9.2 输电线路施工黑点全景图的数据处理

1. 拼接图片

（1）将无人机数据卡内的照片取出，存放在电脑文件夹内，可选取“D:\全

图 5-88　全景拍摄张数及方位

景球\某线路”为存放文件夹（小技巧：由于全景采集的照片具有连续性，所以可从文件时间里将采集的照片选择出来）。连续序号照片图像有助于批量处理，照片图像序号连续如图 5-89 所示。

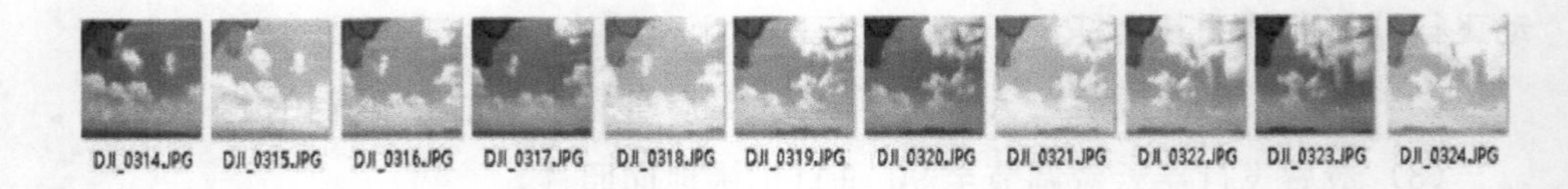

图 5-89　照片图像序号连续

（2）打开 PTGui 汉化版，点击加载图像，加载图像界面如图 5-90 所示。

（3）选择添加图像，打开存放照片的文件夹。

（4）全选照片，点击打开，添加图像界面如图 5-91 所示。

（5）点击对准图像，对准图像界面如图 5-92 所示。

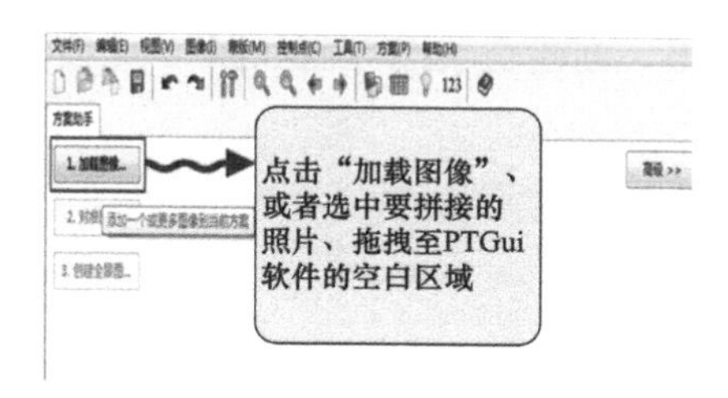

图 5-90　加载图像界面

图 5-91　添加图像界面

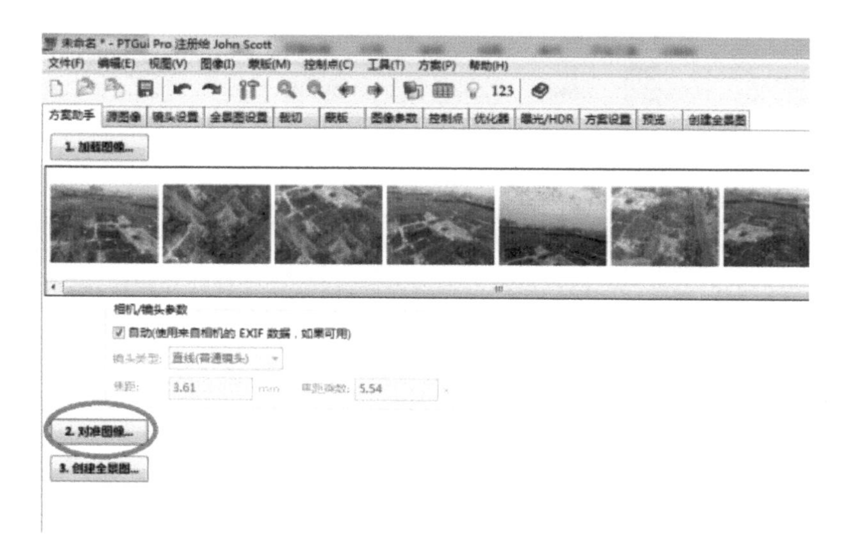

图 5-92　对准图像界面

（6）点击创建全景图，创建全景图界面如图 5-93 所示。

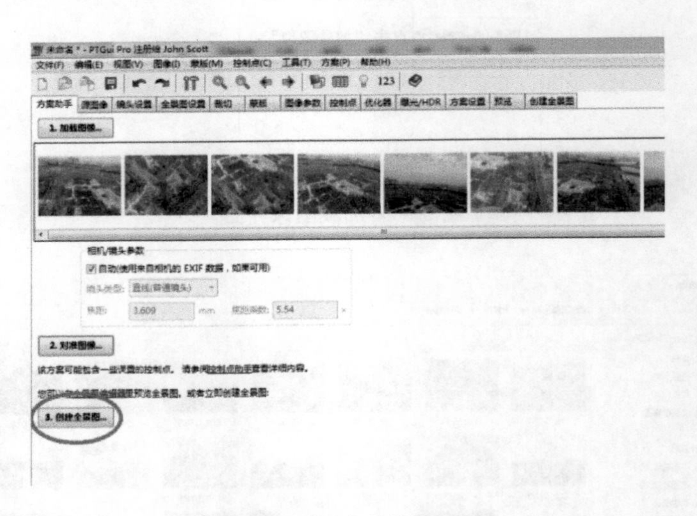

图 5-93　创建全景图界面

（7）选择全景图的输出路径，并点击创建全景图，选择全景图输出路径界面如图 5-94 所示。

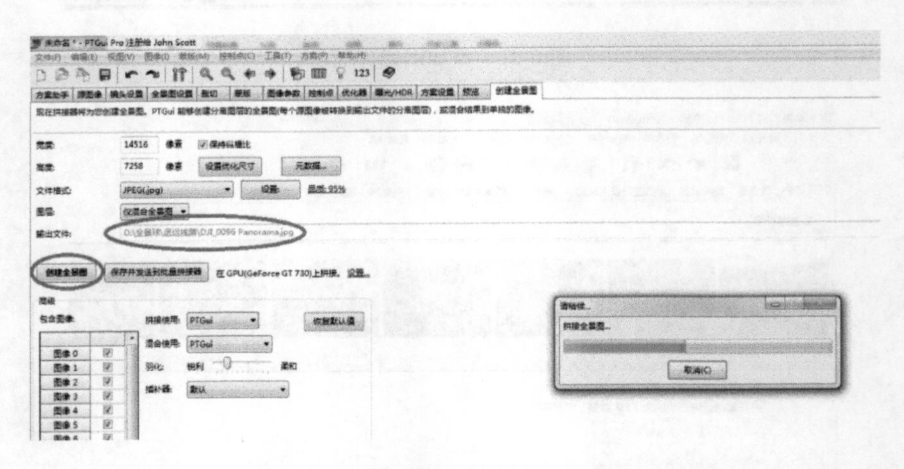

图 5-94　选择全景图输出路径界面

（8）全景图创建完毕，文件存放在输出路径的文件夹内。查看全景图界面如图 5-95 所示。

图 5-95　查看全景图界面

2. Ps 补天

(1) 启动 Ps，同时打开创建好的全景图与所需的天空素材（天空素材需要预先从网站上下载，根据不同时间、气候条件选择相应的天空照片），使两张照片并列在同一画板上。打开相应全景图与天空素材界面如图 5-96 所示，全景图与天空素材并列在同一画板上如图 5-97 所示。

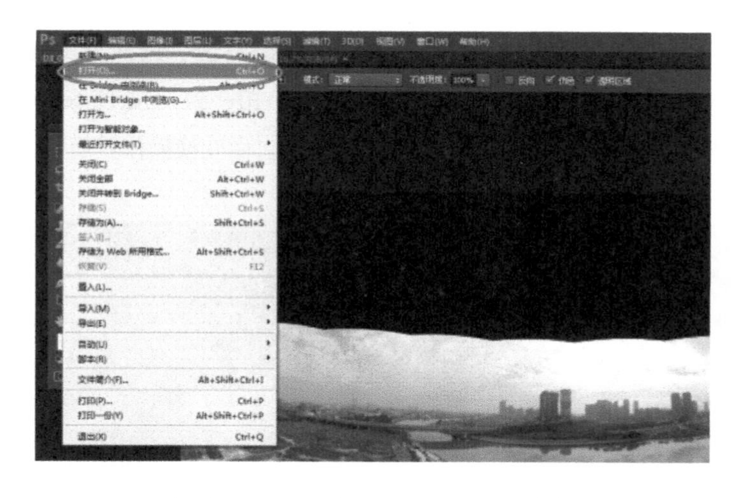

图 5-96　打开相应全景图与天空素材界面

(2) 将天空素材图层复制到全景图图层里，操作方法有：①在天空素材图层用“Ctrl＋A”快捷键选中天空素材，按“Ctrl＋C”快捷键切换到全景图图层，用“Ctrl＋V”快捷键把天空素材粘贴到全景图的图层里；②在天空素材图层点击鼠标右键，选择复制图层，选中目标文档点击确定。复制图层如图 5-98 所示。

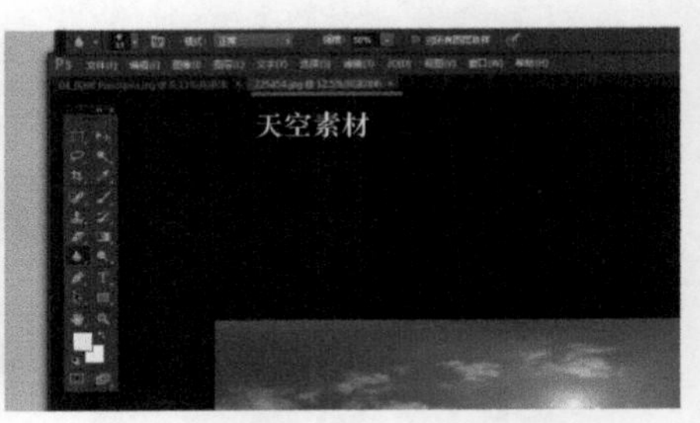

图 5-97　全景图与天空并列在同一画板上

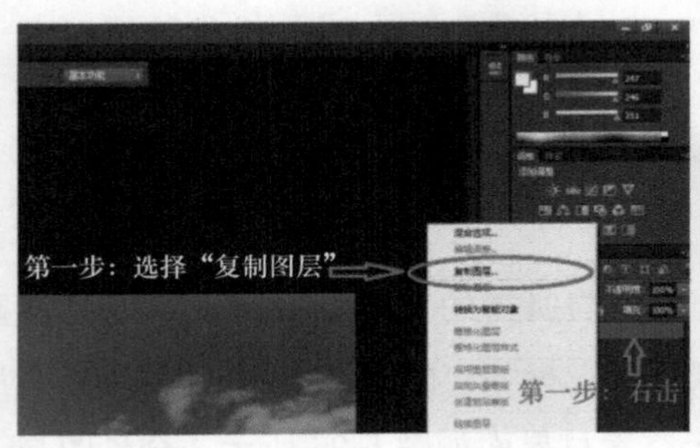

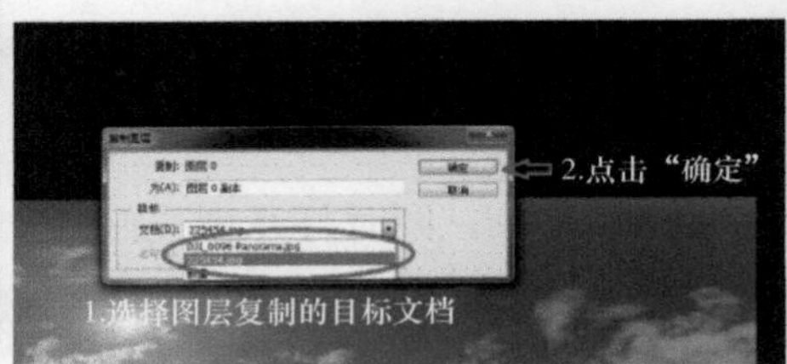

图 5-98　复制图层

（3）复制图层后可以看到全景图图层中的天空图层大小未能匹配，需要对天空图层进行自由变换。操作方法为鼠标在天空图层右击，选择自由变换或者使用快捷键“Ctrl＋T”拖拉边框使之与全景图的大小相一致，按 Enter 确定。

注意：天空图层应与全景图图层有部分重叠。自由变换操作界面如图 5-99 所示。

图 5-99　自由变换操作界面（一）

图 5-99　自由变换操作界面（二）

（4）上一步保存的是有两个图层的文件，在图层交界处过渡效果不好，需在天空素材图层上做图层蒙板处理，操作步骤如下：①点击天空素材图层；②点击图层蒙板；③点击渐变工具。选择渐变工具如图 5-100 所示。

图 5-100　渐变工具

（5）在天空素材与全景图之间使用渐变工具对图层蒙板填充，操作方法如下：按住 Shift 用鼠标左击，在全景图与素材图叠加部分拉一个小竖线，如果看着画面过渡效果不理想，可采用“Ctrl＋Alt＋Z”快捷键撤销操作，重新再拉一下，最后让图层衔接流畅。渐变效果如图 5-101 所示。

图 5-101　渐变效果

（6）用画笔工具涂抹天空中明显过渡不自然部分，注意选择颜色为白色对图层蒙板进行涂抹。修改过渡如图 5-102 所示。

(a)

图 5-102　修改过渡（一）

(a) 选择“画笔工具”

(b)

(c)

图 5-102　修改过渡（二）

(b)"画笔"设置；(c) 修改

(7) 存储全景图到目标文件夹，完成 Ps 补天操作。注意需要将图片存储为 JPEG 格式，点击确定完成 Ps 补天操作。存储全景图如图 5-103 所示。

(8) 查看全景图效果。打开 PTGui 汉化版，使用 PTGui 查看器选择所需要查看的全景图，PTGui 查看全景图效果如图 5-104 所示。

(9) 全景图发布。打开 720 云网站，网址为 https://720yun.com/，登录 720 云，若没有账号先注册。登录完成后，点击发布，先上传全景图，再进行图片命名，最后点击发布。全景图发布步骤二如图 5-105 所示。

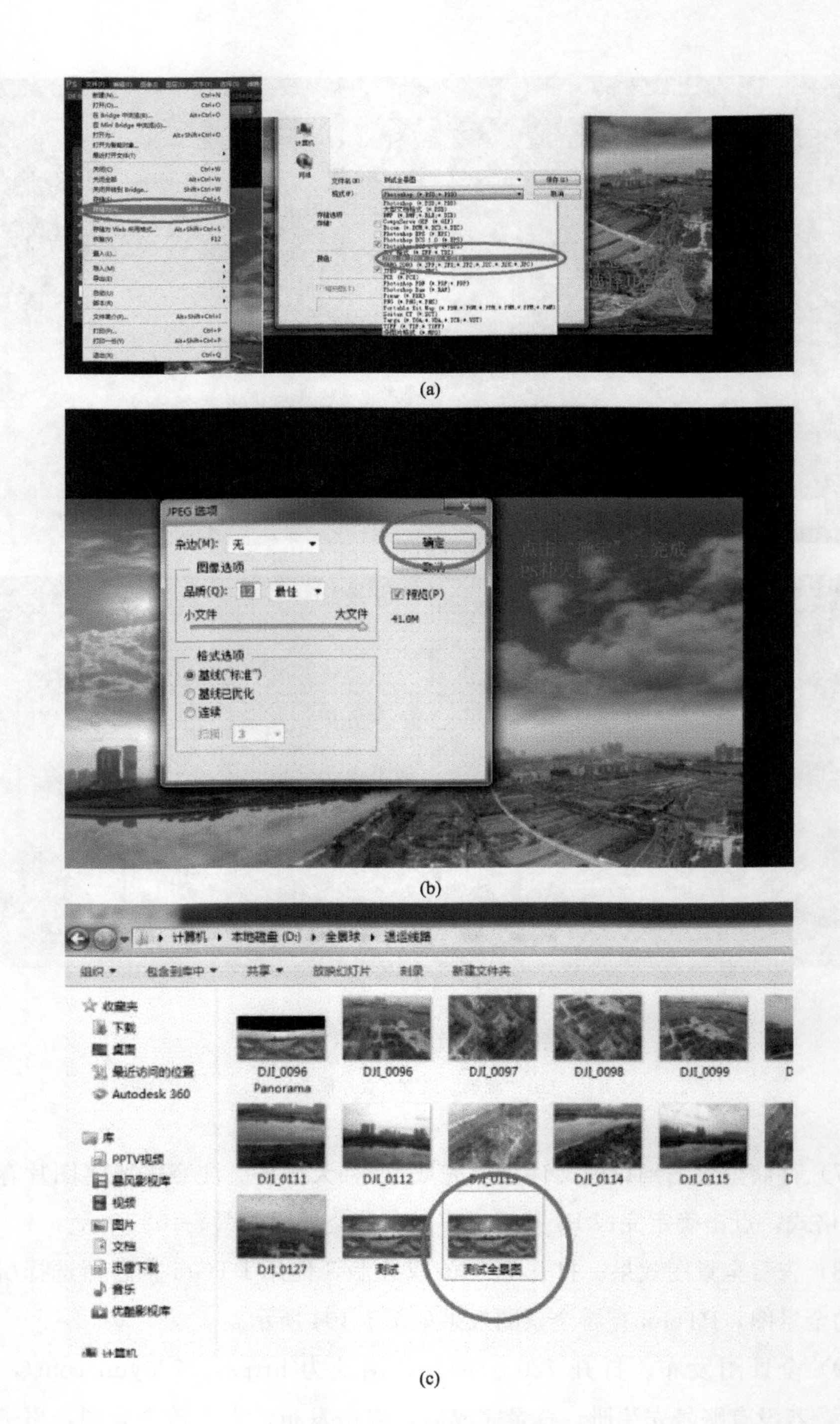

图 5-103　存储全景图

（a）选择格式；（b）确定；（c）查看

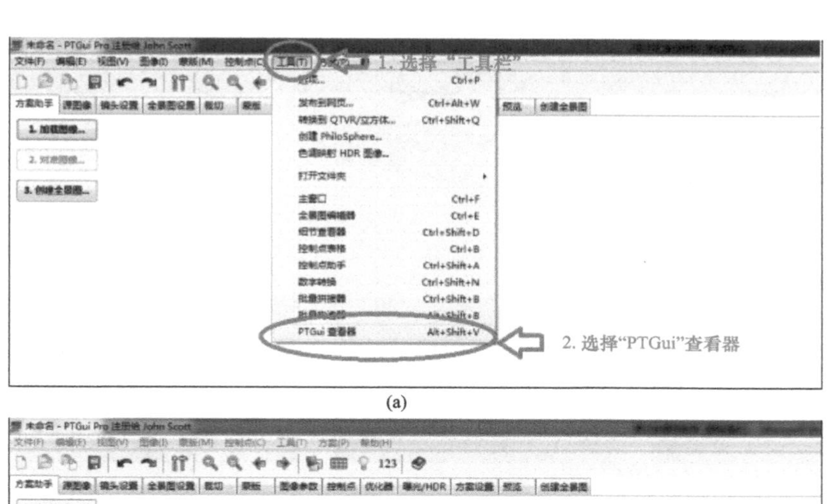

(a)

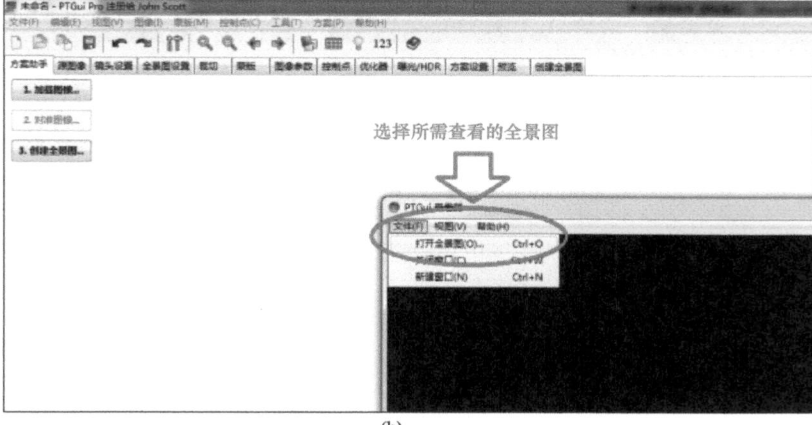

(b)

(c)

图 5-104　PTGui 查看全景图效果

(a) 选择查看器；(b) 选择查看全景图；(c) 查看效果

图 5-105　全景图发布步骤

（a）步骤一；（b）步骤二

发布完成后点击全景图片即可浏览，点击分享扫描二维码还可以分享给微信好友。全景图分享如图 5-106 所示。

3．自动化全景采集

部分智能无人机（如精灵 4pro、Mavic 等机型）可以完成自动全景采集，从拍摄到后期合成都可以自动完成，只需要调整相关相机参数即可完成采集及合成工作。

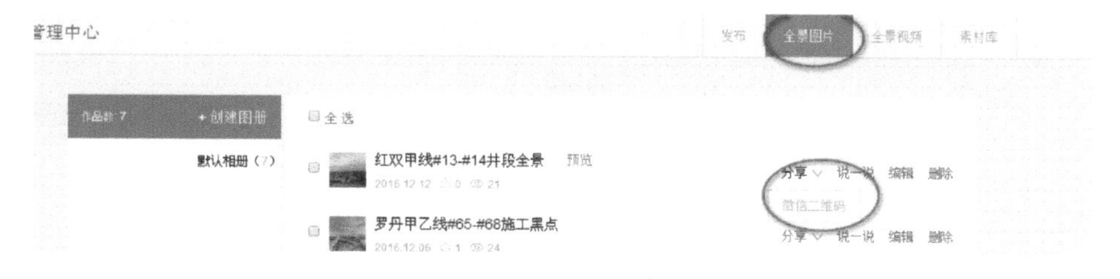

图 5-106　全景图分享

在 DJI GO App 拍照模式中选择球形全景选项，起飞到达预定高度后，点击拍摄就可以自动完成全景拍摄任务。拍摄完成后点击回放，选择刚拍摄全景照片进行自动合成。如对合成效果不满意，可在设置中设置保留原片，待拍摄完成后把拍摄完成的照片导入 PTGui 等软件进行后期处理，输出更高质量的全景照片。全景拍摄模式如图 5-107 所示。

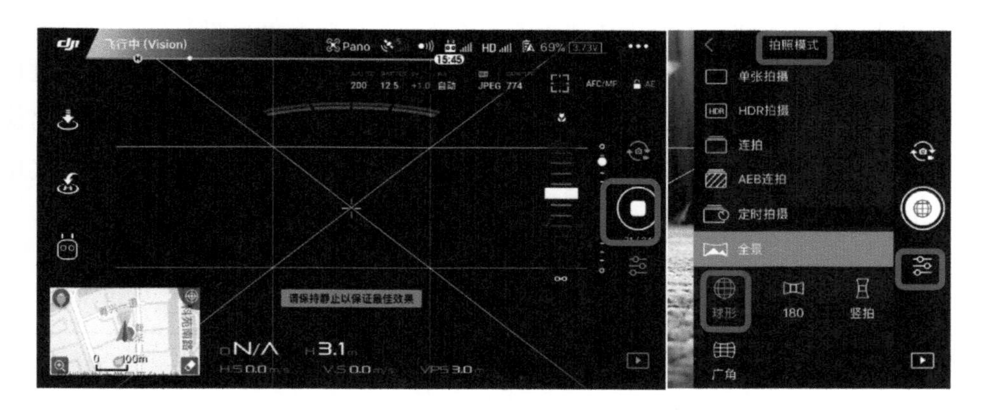

图 5-107　全景拍摄模式

第 6 章　输电线路无人机巡检作业标准

6.1　无人机巡检职责与分工

1. 日常巡检

无人机巡检应遵守安全、高效、全面、快捷四大原则。在巡检过程中发现，由于山林地势的原因，无人机往往无法到达地面对塔基等部位进行巡查，过低的飞行高度也会因飞行难度的增加，对工作效率产生较为明显的影响。故巡检过程中，应采用人巡与机巡有机结合的分工形式，从而提高巡检效率，减轻人工巡检工作强度。机巡可分为固定翼、直升机及多旋翼巡检等。巡检项目及巡检方式见表 6-1。

表 6-1　　巡检项目及巡检方式

<table>
<tr><th>序号</th><th colspan="3">项目</th><th>推荐巡检方式</th></tr>
<tr><td rowspan="2">1</td><td rowspan="4">巡视</td><td rowspan="2">日常定期巡视</td><td>基础、接地装置、附属设施及导线以下塔身</td><td>人巡</td></tr>
<tr><td>导地线、绝缘子、金具、塔头、线路通道环境</td><td>多旋翼、直升机</td></tr>
<tr><td>2</td><td>动态巡视</td><td>针对防雷击区、防鸟害区、防污闪区、防树障区、防外力破坏区、防山火区、防风防汛区、防覆冰区等特殊区段，根据季节性特点和现场条件启动；夜间防污特巡由人工完成；大面积自然灾害后灾情巡视，以直升机、固定翼无人机巡视为主</td><td>直升机、固定翼</td></tr>
<tr><td>3</td><td>故障巡视</td><td>线路故障后快速查线</td><td>多旋翼</td></tr>
<tr><td>4</td><td rowspan="7">检测</td><td>导地线</td><td>导线弧垂、对地距离、交叉跨越距离测量</td><td rowspan="3">直升机、多旋翼</td></tr>
<tr><td>5</td><td>绝缘子</td><td>复合绝缘子红外测温</td></tr>
<tr><td>6</td><td>金具</td><td>连接金具红外测温</td></tr>
<tr><td>7</td><td>杆塔</td><td>杆塔倾斜、挠度测量</td><td rowspan="4">人巡</td></tr>
<tr><td>8</td><td>基础</td><td>基础沉降测量</td></tr>
<tr><td rowspan="2">9</td><td rowspan="2">防雷装置及接地装置</td><td>接地电阻测量</td></tr>
<tr><td>开挖检查接地引下线和接地体腐蚀程度和连接情况</td></tr>
<tr><td>10</td><td>维护检修</td><td colspan="3">人工巡检为主</td></tr>
</table>

2. 精细化巡检要求

由于精细化巡检对操控人员的能力以及飞行器续航能力的需求较大，故工作效率会因为需求而降低，由于无人机精细化巡检耗时、耗精力，在输电线路日常巡检过程中全面应用精细化巡检模式对设备、对人都是极大的考验，因此精细化巡检应有计划、分批次开展。

建议每个巡检周期中对线路20%的杆塔进行抵近精细化巡视，每半年完成所巡线路的一次无人机精细化巡检作业。

6.2 巡线计划的合理制定

6.2.1 地点确认及现场踏勘

巡检作业前应收集所需巡检线路的设备信息、运行信息以及地理环境、气象等相关资料，便于及时掌握线路设备状态和通道状态。

1. 地点确认及调研

巡线工作需要有明确的目标。有了目标，就需要为达到这个目标而做好充分准备，以最终目标为导向来达到预期目标。

按巡线作业来说，首先要确定合适的拍摄对象，若已有明确的目标，则需明确其他问题，比如怎样拍摄塔上部件更清晰；一张照片怎么样拍能有更大的信息量以方便后期检查，提高巡检工作能效；怎么拍摄能够有效防止电网所带来的电磁干扰，减少飞行器转入姿态模式撞击杆塔导致的事故发生。为解决上列问题我们需要去做一些调研，如哪些地方是拍摄金具、绝缘子等的最佳角度和地点；什么时间拍摄缺陷时能更明显地展现场景；哪些地方是适合停留进行巡检作业的；下车之后若需要步行前往起飞点，步行多远能抵达指定的地点；会遇到什么隐患等，这些都需要提前了解并做好安排，无人机巡检最好由比较熟悉路线的同事带领，或在巡检前先进行实地踩点。

在确认好多个巡检的地点时，需要对路线进行合理的规划，如先到A点还是先到B点；在A点停留多长时间、拍摄哪几个部位、一共拍多少张然后再去B点；完成B点巡检后若时间充分、电量允许，可考虑在C点停留多长时间完成剩余部位的拍摄等。

巡检地点确认后，需要根据线路长度、基塔附近巡检道的实际情况来进行巡检的人员安排和部署，以及各个地点的拍摄时间安排。如果各地点相距较远，但时间有限，有可能需要增补人员进行分组巡线任务；对距离较近的地点，也可以把时间控制紧密一点，尽可能一天内去多个地点，定制高效巡检计划。无人机巡检如图 6-1 所示。

图 6-1　无人机巡检

2. 地点确认步骤

（1）作业人员通过基础资料（杆塔明细表或线路专档）查看所巡检线路的设备信息。

（2）作业人员通过电网内部系统查看巡检线路区段已发现的缺陷。

（3）作业人员通过电网内部系统查看巡检线路区段的通道隐患信息（危险点）。

（4）作业人员查看巡检线路区段的交跨信息。

（5）作业人员查看巡检线路区段的地理位置和周边环境，并定位巡检线路区段，通过地图查看具体所处位置和杆塔周围的环境。

（6）作业人员查看巡检线路区段所属区域的气象信息。

3. 现场勘查

勘查内容包括地形地貌、线路走向、气象条件、空域条件、交跨情况、杆塔坐标、起降环境、交通条件及其他危险点等。特别是根据资料查询结果显示沿线输电线路密集、交跨物多或者地形复杂的巡检线路区段，应开展现场勘查。对现场勘查认为危险性、复杂性较大的小型无人机巡检作业，应专门编制组织措施、技术措施、安全措施，并履行相关审批手续。勘查内容主要有以下几个方面。

（1）起降点选择。根据现场地形条件选定小型无人机起飞点及降落点，起降点四周应空旷，航线范围内无超高物体（建筑物、高山等）。小型无人机的起降点面积至少为 2m×2m 左右的平整地面，起降点应选取平摊的地面。小型无人机起降点如图 6-2 所示。

图 6-2　小型无人机起降点

（2）现场测量交跨距离。利用激光测距仪测量上跨或下穿的电力线路、通信线、树木等跨越物与被巡检线路的距离，为航线规划和现场飞行提供数据。起飞前应对现场地貌及线路环境进行充分了解，勘查现场地貌与线路环境如图 6-3 所示。

图 6-3　勘查现场地貌与线路环境

（3）填写现场勘查记录。根据现场勘查情况填写现场勘查记录，绘制现场草图，现场草图应包括交跨位置、地形环境等，作业前应对现场进行勘察记录进行重复确认，确认现场勘查记录如图 6-4 所示。

图 6-4 确认现场勘查记录

6.2.2 环境对无人机巡检要求

电力无人机在作业时往往面临较为复杂的地形，气象以及电磁场等对无人机作业情况影响也非常大。因此，在巡检作业开始前要对巡检作业的环境状况有充分的了解，环境状况具体包括以下几个方面内容。

1. 电场环境

高压送电线路（高电位）与大地（零电位）之间的电位差能形成较强的工频（50Hz）电场，电流通过时产生一定的工频磁场。尤其在多回路线路上，电场的交叉情况表现尤为明显。因此，电力无人机巡检作业时应尽量避免贴近高压输电线路，尤其要注意避免在多回线路电场交叉严重的电场范围内进行飞行，从而避免高压电场对无人机的数传接收机等设备造成干扰。

2. 作业环境气压高度

随着海拔升高空气变得稀薄，大气压力也随之降低。大气压力对降低无人机性能影响很显著。在较高海拔地区飞行时，伴随大气压力的降低，起飞和着陆距离都会增加，同时还会对爬升率造成很大的影响。

随着海拔的上升，空气的稀薄度会逐渐上升，而无人机上升力主要来源于机翼周围的空气流动。在空气稀薄状况下，无人机很难得到足够的上升气流，这样就必须增加更大的速度来获得足够的升力。固定翼无人机需要更大的滑跑距离来获得足够的升力，而多旋翼无人机也需要通过增加转速来提供足够的升力，这种情况不但燃料消耗更大，同时也增加了巡检的危险性。

3. 气象条件

无人机的飞行性能主要受大气密度的影响。大气密度的改变导致气流发生变化，从而影响巡检作业的安全。

对无人机飞行威胁最大、最具有代表性的恶劣气象条件有雷暴、风切变、紊流等。雷暴是春夏之交和夏季常见的天气现象，由对流旺盛的积雨云所产生。当大气层结构处于不稳定状态时产生强烈的对流，云与云、云与地面之间电位差达到一定程度后就发生放电产生雷暴。雷暴是一种复合的恶劣气象条件，雷暴中常含有强烈的升气流、积冰、闪电、强降水、大风、风切变，有时还有雹、龙卷风和下击暴流等。风切变是一种大气现象，指风矢量（风向、风速）在空中水平和（或）垂直距离上的变化。紊流是指发生在一定空域中的急速并且多变的运动气流，其主要特征是在一个较小空域中的不同位置处，气流运动速度向量之间存在很大的差异，且变化急剧。无人机一旦进入这样的区域，不但会急剧颠簸且操纵困难，在不同位置无人机会承受巨大的应力，严重时则可能对无人机结构强度造成破坏。

无人机的飞控系统对风向的改变具有一定的反应速率，然而在不停改变风向的紊流或风切变情况下飞行，无人机飞控系统在通过传感器计算不同螺距的速度时无法应对风向的改变，从而出现无人机难以及时适应风向的改变的现象，影响飞行精度，风速过大时甚至会引起坠机现象的发生。同时湿度过大会影响无人机电气设备的硬绝缘，空气中的水分会以小液滴附着在桨叶表面，形成液态黏着面，不但影响无人机的机械旋转性能，还会造成无人机螺距的改变，从而影响飞控系统的计算。该现象对悬停精度的影响尤为表现突出，严重时甚至可能导致无人机撞塔、碰线。无人机受气象条件影响比较大，特别是恶劣气象条件，如果不能准确判断、及时有效地回避，很可能会造成飞行事故。

对飞行路径和时间的把控（电池、天气、日出日落、温度等原因）也会影响巡检作业的安全。飞行路径即航线，是作业过程中飞行器实际飞行的轨迹。

在专业高效的作业中，飞行路径主要是指遵循线路的具体要求，提前确认下来的飞行轨迹。由于飞手是对飞行器进行控制的专业人员，也是对整个飞行过程把控度最好的人，所以飞行路径确认时同样需要与飞手进行相关的交流。路径确认时需明确下面几个问题。

（1）天气不好，拍摄地点有大雾，是否适合飞行。

（2）周围的环境（光线太差、温度过低等原因）是否允许完全按照巡检的要求进行飞行。

（3）电池电量是否足够执行本次飞行。

（4）飞行路径离高压线、人群或者建筑物较近，是否适合飞行。

（5）飞行路径比较复杂，穿越树林或者会有信号传输屏蔽等，是否可以完成这样复杂的飞行任务。

以上仅仅是几个简单的示例，飞手要对整个飞行（路径）的过程负责，要跟勘察员有很好的沟通和交流，并在条件允许的情况下达到拍摄的需求，完成巡线任务。

巡线路径确认之后，一旦飞行器起飞，为了高效地利用有限的飞行时间，飞手需要遵循制定好的计划要求来控制飞行器，严格按照提前规划好的飞行轨迹进行飞行，以达到高效的巡检需求，完成拍摄任务。

提前踩点并规划拍摄路径的主要目的是为了确保空中携带的摄像机能够拍摄所需要的部位和缺陷详情，当然，飞行路径只是一个基本条件，云台和相机拍摄角度的控制也是一个至关重要且不可缺少的因素。

6.3 出发前准备

6.3.1 设备管理

任何机电系统都需要相应的保障与支持设备以支持其正常运转，保障与支持设备可针对不同的保障级别进行配置。对无人机系统，保障与支持设备中有很多设备在一线使用，并且必须随装携带，能够实现即刻保障支持。另外一些保障与支持设备不需要即刻使用，可以放在公司。本节主要讨论第一类保障与支持设备，具体包括以下设备。

1. 操作指南与维修手册

维修手册通常包括系统说明书和系统使用履历，系统使用履历可以单独使用，也可以作为操作指南与维修手册的一部分。系统说明书用于说明系统主要结构及部件、注意事项及原因。

操作指南包括系统架设、检查调整、任务准备和执行，以及在任务完成后回收和系统撤收。系统使用履历用于记录系统使用的历史信息，包括操作人员、时间和每次任务持续时间、测试结果及状态、重要的技术观察结果和评判。

维修手册用于指导整个系统各个模块的检查和部件定期更换。维修手册将提供特定部件技术状态检查、清洁、润滑和调校等方法。维护人员应根据生命周期更换寿命到期的部件，根据系统要求完成所有的定期维修，任何修复性维护都要进行记录。

2. 消耗品

根据系统大小及数量需求，在控制站上要携带润滑油、清洁材料、电池、光盘、燃油等消耗品，特别是控制站与无人机使用相同燃油时更是如此。对大型系统或者出于安全考虑，燃油可由单独的车辆运载。

3. 可更换部件

维修手册中列写了系统的可更换部件（也称寿命件），寿命件在无人机使用公司基地补充，由后勤部门完成。如果无人机系统是移动的，在远离基地或其他技术支持范围的情况下，根据预定的工作时间，操作人员必须保证所携带的零部件的种类和数量足够支持无人机完成工作。

4. 易损与视情况更换的部件

易损与视情况更换的部件包括引擎中的火花塞、电机座减震环与云台减震胶粒。控制站中也包括该类部件，这些部件在系统开发阶段就已经确认，并经过验证实验，最终列入维修手册。

5. 工具

工具包括日常操作和维修所需要的各种工具，一般覆盖电子、电气和机械等多个类型对象需要，如电子测量仪表、电池充电器、力矩扳手，还包含测试子系统功能所需要的夹具、锁具等。日常操作需要的工具应包括启动和检查设备；夹具一般包括检查所需的工具，如用于控制设置和量程检查的工具，锁具则可能包括任务载荷功能检查所需要的工具。与其他保障与支持设备一样，此类工具的种类和数量也主要取决于无人机系统类型。工具需求在系统设计阶段就会考虑，在系统开发阶段得到修正和确定，工具配备的一个原则是减少所需工具数量，特别是专用工具的数量，主要配备标准的国际通用工具。

6. 辅助设备

辅助设备一般被视为无人机系统的一部分，尤其是与控制站车辆集成在一起的设备，如发电设备不是配置在拖车上，而是当做辅助设备，还有其专有的燃油供应和维修设备。有固定基地操控的无人机系统一般能够从本地服务网站中获得保障支持，因此选择本土发电机作为备用机也很重要。

6.3.2 一机一表管理

1. 设备检查

巡检出发前应对无人机及附属设备进行检查，应按照《小型无人机巡检飞行前检查工作单》中各项内容逐一检查并做好记录。现场作业前、后应对所有设备物料进行检查，防止不必要的财产丢失。设备检查如图 6-5 所示。

图 6-5 设备检查

2. 制定设备清单

制定作业所需设备清单，并填写出库记录检查单。小型无人机出库记录检查单见表 6-2，小型无人直升机巡检飞行前检查工作单见表 6-3。

表 6-2　　小型无人机出库记录检查单

序号	名称	型号	单位	数量	备注
1	机体	小型无人机	架	1	
2	地面控制站	/	台	1	
3	数传/图传天线	/	套	1/1	
4	遥控手柄	/	台	1	
5	云台	两轴自稳云台	台	1	
6	工作电池	电池电压根据各机型起飞电压要求配置	块	4	根据工作内容调整数量
7	电池电量测试器	/	台	1	
8	任务设备	可见光/红外	台	1/1	
9	警示围栏	/	副	1	作业区域安全围护
10	对讲机	/	个	2	
11	风速计	/	个	1	
12	充电设备	/	台	1	
13	个人工具包	安全防护用品及个人工器具	个	2	

注　工器具的配备应根据巡检现场情况进行调整。

表 6-3　　小型无人直升机巡检飞行前检查工作单

1. 现场环境及地面站检查		
序号	检查内容	检查确认
1.1	使用风速仪检查风速是否超过限值	
1.2	使用测频仪检查起降点四周是否存在同频率信号干扰	
1.3	评估微地形（垭口、山区、连续上下坡）是否存在上升、下降气流等对飞行安全存在隐患的情况	
1.4	架设遥控、遥测天线，并检查连接可靠	
1.5	其他	
	检查人签名	
2. 无人直升机系统检查		
2.1	机体检查	
2.2	发动机检查	
2.3	电气检查	
2.4	其他	
	检查人签名	

续表

3. 任务载荷系统检查		
3.1	任务设备中相机、摄像机红外热成像仪等设备正常，电池电量充足	
3.2	任务设备与无人直升机电气连接检查	
3.3	开机后任务设备操控是否正常	
3.4	其他	
	检查人签名	
4. 测控系统检查		
4.1	地面测控设备检查	
4.2	开机后测控系统上、下行数据检查	
4.3	其他	
	检查人签名	
以上地面站架设及各系统检查完毕，确认无误，工作负责人签名后方可起飞作业	工作负责人	

3. 设备运输

确保设备搬运、放置规范，避免运输过程中产生碰撞、抖动等引起的设备损坏。无人机属精密设备，搬运设备过程中注意避免磕碰造成的损坏，设备运输如图 6-6 所示。

(a)

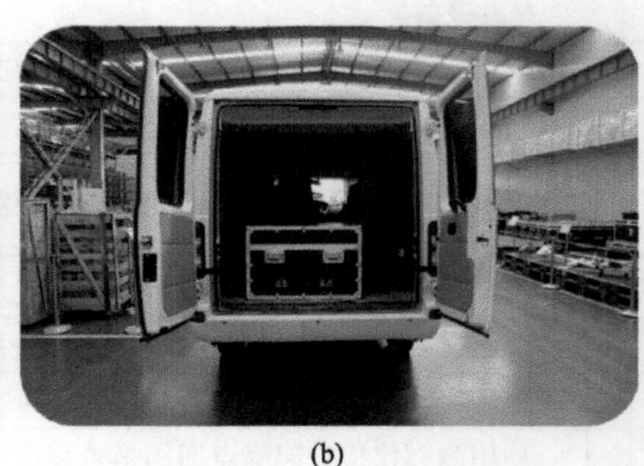
(b)

图 6-6　设备运输
(a) 搬运；(b) 放置

6.3.3　地理环境分析

每次巡线作业不只拍摄一个地点，尤其是对多个地点的巡检工作来说，前期的调研和准备工作显得尤为重要。无论是一个地点还是多个地点，巡检前都需要对该地的天气情况、温度、湿度、风向以及风力等有正确的认知，只有这样才可高效、安全地完成当天巡检任务。

外出作业现场气候情况记录见表 6-4。

表 6-4　　外出作业现场气候情况记录

地点列表	日期/星期	天气情况/温度	风向/风力
1号地点	2014年5月27日星期二	晴天/26～30℃	西南风/3级
2号地点	2014年5月27日星期二	多云/25～29℃	无风
3号地点	2014年5月28日星期三	阴雨/26～31℃	西南风/3级
4号地点	2014年5月28日星期三	晴天/24～28℃	西南风/4级

各种气候因素都会影响到实际的飞行和机巡作业的效果。一般来说，晴天且阳光充足比较有利于飞行，拍摄的画面效果也很不错。如果计划的作业时间已确定，但是通过了解天气情况后发现天气不佳，也应做好相应的防范工作，如提前准备好雨具等。在大风的条件下，飞行器容易受不定向风的影响，近距离精细化巡检时容易造成碰撞事故，故不建议进行巡线作业。

如拍摄地点较多，建议提前规划好最佳的路线，尽量少走弯路和重复路线，避免耗费过多时间在行进路上。针对每个拍摄地点，需要停留时间、使用电池块数等都需要提前考虑，与此同时，还需要对每个起飞地点做好调研工作。除了主要的巡检工作，在驱车抵达后，对是否还需要步行或者通过其他方式抵达拍摄点等问题也要提前做好安排。

6.3.4　巡检路线规划

（1）下载一张某条线路某个区段的地理图，在上面绘制起降点、巡检航线并备注特殊点（如高速公路、高铁、通航河流、110kV及以上等重要交跨线路、房屋等），做好风险记录。巡检路线规划如图 6-7 所示。

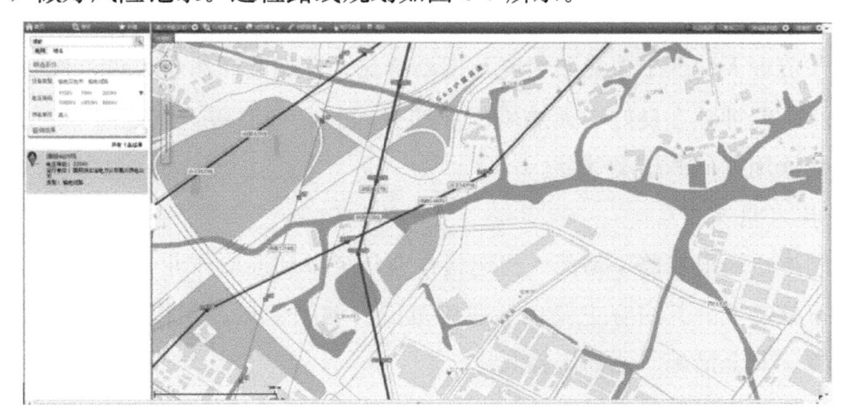

图 6-7　巡检路线规划

(2) 已经实际飞行的航线应及时存档，并标注特殊区段信息（线路施工、工程建设及其他影响飞行安全的区段），建立巡检作业航线库。航线库应根据作业实际情况及时更新。

6.3.5 紧急应对措施

飞行器都是电子设备不能接触雨水，在雨天时需做好遮雨的准备工作。

遇到大雾的天气时，出于安全考虑应暂停或者终止飞行任务，因为飞行器在大雾飞行会因水气造成飞行设备短路，同时大雾往往会让周围的环境更加陌生，不便于飞行。

如果设备数量充足且携带能力允许，可以多准备一套设备作为备用，即使碰到突发事件，也不会影响巡检作业。对一些环境比较特殊，需要使用大型巡检设备进行作业的地点，可以采用一些更加小型且轻便的设备进行试探飞行，确认安全且具备大型机巡检条件后，方可进行进一步的巡检工作。

6.4 作业前准备

本节以小型无人机巡检作业的前期准备工作为主要内容，旨在规范巡检作业准备这一环节的基本流程。

6.4.1 作业前预案

1. 组织措施

工作负责人根据工作复杂情况及现场情况，合理选择作业人员，作业人员应身体健康、精神状态良好、无妨碍作业的生理和心理障碍。作业前 8h 及作业过程中严禁饮用任何酒精类饮品。

2. 技术措施

编制架空输电线路小型无人机巡检作业任务单和巡检作业卡，由工作任务单签发人审核签发。其内容主要包括适用范围、编制依据、工作准备、操作流程、操作步骤、安全措施、所需工器具。

外出作业流程确认表见表 6-5。

表 6-5　　　　　　　　　　外出作业流程确认表

线路名称		风险等级		设备编号	
工作任务				执行时间	
工作班组		工作负责人		杆塔号	
天气		风向		风速	
系统状态		根据线路杆塔 GPS 坐标情况、太阳光照射强度与方向、档距大小等确定合适的飞行方案，根据巡视周围情况确定合适的飞行模式（姿态控制/GPS 控制）			
		小型无人机巡检系统对线路设备或通道环境进行单点巡检时，应始终在目视可见范围内进行作业，且保持通视状态。可采用自主或增稳飞行模式飞至巡检作业点，然后以增稳模式进行巡检作业。小型无人机巡检系统距线路设备水平距离应大于 10m，距周边障碍物距离大于 10m			
		地面站监控人员和无人机操纵者相互协调配合，对杆塔线路进行针对性图像数据采集			
		禁止任何无关人员对整套系统操作，避免意外发生			

流程	序号	工作项目	主要控制内容	控制情况（工作完成，画“√”）
起飞准备	1	装设围栏	选好无人机起降地点，起降点需要平坦且能接收到 GPS 信号	
			使用围栏或其他保护措施，起飞区域内禁止行人和其他无关人员逗留	
	2	设备开启	无人机组装	
			打开地面控制站，安装天线	
			打开地面站软件	
			打开遥控手柄开关	
			安装电池，并接通电源，30s 内禁止遥控器操作	
			进行无人机初始化操作	
	3	起飞检查	检查无人机外观及整体结构正常	
			检查地面站电压	电压：____V
			检查无人机电池电压符合该机型起飞要求	电压：____V
			检查安全数码卡（secure digital memory card，SD 卡）有足够容量，并插入卡槽	
			检查无人机各信息正常、视频信号正常	
			云台中立校正，调节可见光设备镜头位置及焦距至恰当位置	
			检查遥控手柄上方屏幕显示正确，无异常报警信号	
			检查遥控手柄各功能开关位置正确	
			检查 GPS 卫星数量大于 5 颗，并记录无人机航向	航向：____°
			地面站人员利用测距仪，观察目标区域杆塔线路距离	距离：____m
			撤离人员至 5m 外，做好起飞准备	
	4	起飞	轻压油门杆，启动电机，待电机自检完毕后，依次手动检查前后左右各电机转速是否正常，若正常则可继续飞行，若不正常则断电检查	

续表

流程	序号	工作项目	主要控制内容	控制情况（工作完成，画“√”）
起飞准备	4	起飞	通过功能开关选择飞行模式、拍照设定，结合地面站监控软件，进行调整相机云台等操作，飞行准备就绪，可以起飞	
			地面站工作人员记录起飞时间	时间：________
	5	设备巡检	地面站工作人员观察飞行过程的视频图像，引导操控人员将无人机飞至目标区域，调整航向、高度及云台角度，引导操控人员拍摄目标图像	
			操控人员根据无人机飞行状态，以锁定的飞行模式操控无人机，保持平稳姿态，同时避免周围障碍物	
	6	降落	完成拍摄任务，操控人员操作无人机返航	
			在规定区域内安稳降落	
			无人机着陆并关闭电动机	
飞后检查和收纳	7	飞后检查和收纳	记录着陆时间	时间：________
			记录电池电压	电压：________V
			断开电池连接	
			关闭遥控手柄开关	
			关闭地面站电源	
			复制SD卡的巡检照片，并检查照片是否满足巡检要求，如未能清晰拍摄目标图像，则更换动力电池重新进行任务	
			整理无人机、电池、遥控器等，并将其归入各自箱体，清点工器具，清理工作现场，工作完毕	
	8	记录归档	填报巡检记录和巡检报告，汇报巡检结果	
工作人员签名	操控手		程控手	工作负责人

3. 安全措施

作业前应进行任务交底，使工作组全体人员明确工作危险点、预控措施及技术措施，操作人员须熟知作业内容和作业步骤。

4. 应急预案

根据现场勘查记录，编制小型无人机巡检作业异常处置应急预案（或现场处置方案），并开展现场演练。起飞前注意对设备进行逐项检查，起飞前的设备检查如图 6-8 所示。

图 6-8　起飞前的设备检查

5. 巡检选址

飞行器巡检前，选择适合的起飞地点对提高飞行器巡检作业的效率至关重要，挑选好的飞行起点需要有以下几点：

（1）控制选址点与最远铁塔的距离在 1.5km 内；且能在视距内观察到 3 个或以上铁塔为佳。

（2）起飞环境请尽量远离干扰，如钢筋混凝土、钢制铁架、大块金属、信号发射站、磁矿、停车场、桥洞、带有地下钢筋的建筑等。

（3）确保所巡检的基塔在视距范围内，且飞行轨迹中无障碍物遮挡。

（4）巡检作业半径：受续航以及 2.4G 信号特点的影响，作业半径不应超过 2.5km。电池电量降至 35％～40％时，应考虑立即全速返航，以免触发低电量强制降落，导致无人机丢失。

6.4.2　起飞前检查

一般情况下，无人机电力巡检会受到一些因素的制约，如拍摄的时间和航线、有效飞行时间、天气原因等，所以，每一次起飞都需要非常认真地对待。

很多的拍摄不仅仅只是拍摄静态的图片而已，还包括搭载红外图像、视频等。在这样的情况下，必须要把握好每一次起飞。无人机需要时刻准备着，当需要起飞进行拍摄作业时能立刻起飞。如果有效的飞行时间有限，比如电池数量不充足，就不能浪费任何一次飞行，起飞之后就要拍摄到真正需要检查的部位；如果天气骤变或者光线变暗，需要抓得住最后的时机完成拍摄工作。

为了保证正常的起飞和拍摄，需要认真核实下列项目：

1）飞行器电池满电，或者电池足以完成本次拍摄飞行需求。

2）遥控器电池电量充足，或者电池足以完成本次拍摄飞行需求。

3）相机内存卡清空，或者空间足以完成本次拍摄需求。

4）相机的电池满电，或者电量足以完成本次拍摄需求。

5）相机温度正常，不会因起飞后相机过热而影响正常拍摄。

6）监视器及监视器电池准备就位，且工作正常。

7）飞行器及云台系统工作正常。

8）地面拍摄的设备准备就位。

当以上项目核实无误，且飞手和云台手准备就位，可随时启动巡线任务。

起飞前检查步骤如下：

(1) 检查无人机动力系统的电能储备，确认满足飞行巡检航程要求。锂聚合物电池充满状态为单片电压 4.2V，在无人机巡检作业前单片电压应不小于 3.8V。智能电池信息如图 6-9 所示。

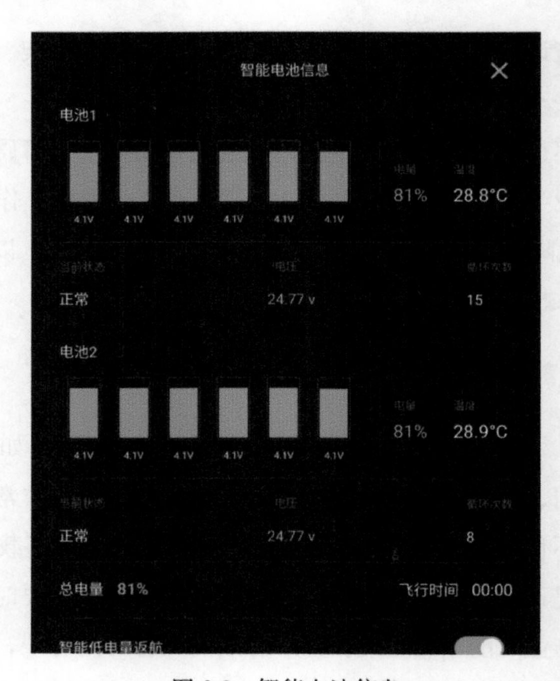

图 6-9 智能电池信息

（2）检查无人机机体内飞控系统各部位器件，完成检查后，将无人机放置在预设的起降地点。展开无人机如图 6-10 所示。

图 6-10　展开无人机

打开无人机电池舱盖，安装电池并检查重心是否平衡。各旋翼翼旋的重心要相等，重心应在平衡杆的中心上，通过调整把旋转平面调整在水平面上。安装无人机电池如图 6-11 所示。

图 6-11　安装无人机电池

操控手确认遥控器所有功能开关关闭、油门杆处于最低位置，打开遥控器。检查遥控器如图 6-12 所示。

图 6-12　检查遥控器

（3）通电检查。

1）接通主控电源，操控手拨动遥控器模式开关，检查飞行模式（手动、增稳和GPS模式视无人机型号变化）切换是否正常，检查完成后接通动力电源，盖好机舱盖。

2）对GPS信号进行检测，等待地面站及GPS指示灯反馈已搜索到的卫星数量。无人机状态栏如图6-13所示。

图 6-13　无人机状态栏

3）对任务载荷进行检查，操纵云台查看姿态是否正常，确保图传及时反馈，没有水波纹及雪花纹。对准云台相机与无人机端口，旋转锁扣，确定锁扣到位，调平云台相机。安装云台相机如图6-14所示。

图 6-14　安装云台相机

4）调整数传/图传天线角度，调试角度使无人机与地面站保持通信顺畅。无人机天线摆放如图 6-15 所示。

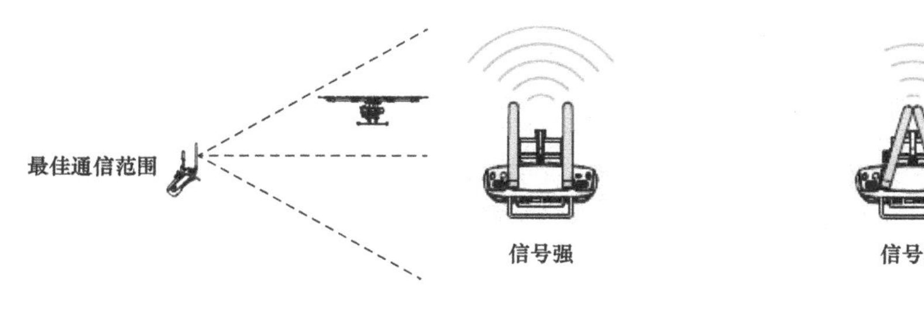

图 6-15　无人机天线摆放

5）填写《小型无人直升机巡检飞行前检查工作单》后，即可开启准备飞行作业。

（4）低空复检。

1）待 GPS 信号接收完成，将遥控器模式调至增稳模式后轻推油门杆，观察各电动机转速是否正常。低空复检准备起飞如图 6-16 所示。

图 6-16　低空复检准备起飞

2）操纵无人机起飞至低空悬停，操作各个通道，观察无人机响应状况，判断响应过程及旋翼声音是否正常。低空悬停如图 6-17 所示。

图 6-17　低空悬停

附录　无人机输电线路巡视缺陷诊断

无人机输电线路巡视缺陷诊断

序号	缺陷部位	缺陷或隐患内容	诊断数据来源
1	沿线情况	通道内违章树木	可见光视频、可见光图像、激光点云
2		通道内违章竹子	可见光视频、可见光图像、激光点云
3		线下建房及其他建筑物	可见光视频、可见光图像、激光点云
4		新架电力线路	可见光图像、激光点云
5		新架通信线路	可见光图像、激光点云
6		新修铁路	可见光视频、可见光图像
7		新架索道	可见光图像、激光点云
8		各种管道	可见光视频、可见光图像、激光点云
9		新修公路	可见光视频、可见光图像
10		新修货场	可见光视频、可见光图像
11		新修渠道	可见光视频、可见光图像
12		新修鱼塘	可见光视频、可见光图像
13		新修水库	可见光视频、可见光图像
14		堤坝	可见光视频、可见光图像
15		施工爆破	可见光视频、可见光图像
16		大型机械及可移动设施	可见光视频、可见光图像
17	混凝土杆	倾斜	可见光图像、激光点云
18		横担扭曲	可见光图像、激光点云
19		缺螺丝、螺帽	可见光图像
20		裂纹	可见光图像
21		漏筋	可见光图像
22		有鸟窝	可见光图像
23		蔓藤类植物附生	可见光图像
24	铁塔	倾斜	可见光图像、激光点云
25		横担扭曲	可见光图像、激光点云
26		铁塔螺丝、螺帽丢失	可见光图像
27		螺栓松动	可见光图像
28		有鸟窝	可见光图像
29		蔓藤类植物附生	可见光图像

续表

序号	缺陷部位	缺陷或隐患内容	诊断数据来源
30	拉线	拉线及部件锈蚀	可见光图像
31		拉线松弛	可见光图像、激光点云
32		拉线断股	可见光图像、红外图像/视频
33		拉线 UT 型线夹缺螺帽	可见光图像
34	导线	断股	可见光图像、激光点云、红外图像/视频
35		防震锤丢失、移位	可见光图像、红外图像/视频
36		连接器过热现象	红外图像/视频
37		跳线断股、扭曲、变形	可见光图像、激光点云
38		杆塔距离变形	可见光图像、激光点云
39		跳线接头过热现象	红外图像/视频
40		线夹缺陷	可见光图像
41		线上挂风筝	可见光图像、激光点云、红外图像/视频
42		对地距离及跨越物距离变化	激光点云
43	地线	断股	可见光图像、激光点云
44		锈蚀	可见光图像
45		防震锤丢失、移位	可见光图像
46		线夹缺陷	可见光图像
47		线上挂风筝	可见光图像、激光点云
48	绝缘子	污秽	可见光图像、红外图像/视频
49		瓷瓶裂纹及破损	可见光图像、红外图像/视频
50		闪络痕迹及放电痕迹	可见光图像、紫外图像/视频
51		严重倾斜	激光点云、可见光图像
52		弹簧销缺失	可见光图像
53		合成绝缘子缺陷	红外图像/视频、紫外图像/视频
54	防雷设施	避雷器及其他设备未连接	可见光图像
55		管型避雷器缺损	可见光图像
56		消雷器及其他设备缺损	激光点云
57		消雷器本身缺陷	可见光图像
58	接地装置	接地螺栓丢失	可见光图像
59		接地引下线断裂	可见光图像
60		接地装置锈蚀	可见光图像
61		地下引下线外露丢失	可见光图像
62	塔杆、拉线基础	周围沉陷	激光点云、可见光图像
63		基础裂纹、损伤下沉	激光点云、可见光图像
64		护坡下沉或被冲刷	可见光图像

续表

序号	缺陷部位	缺陷或隐患内容	诊断数据来源
65	其他部件	导线间隔棒移位、丢失	可见光图像
66		惊鸟器损坏	可见光图像
67		相位牌丢失	可见光图像
68		警告牌丢失	可见光图像
69		杆号字迹不清	可见光图像